潍河及支流渠河 汶河砂资源研究

付大庆 著

黄河水利出版社

·郑州·

图书在版编目(CIP)数据

潍河及支流渠河 汶河砂资源研究/付大庆著. —郑州：
黄河水利出版社,2022.1

ISBN 978-7-5509-3102-2

Ⅰ.①潍… Ⅱ.①付… Ⅲ.①河道-砂矿开采-管理-
研究 Ⅳ.①TD806

中国版本图书馆 CIP 数据核字(2021)第 189630 号

组稿编辑:贾会珍 电话:0371-66028027 E-mail:110885539@qq.com

出 版 社:黄河水利出版社 网址:www.yrcp.com
     地址:河南省郑州市顺河路黄委会综合楼 14 层 邮政编码:450003
发行单位:黄河水利出版社
     发行部电话:0371-66026940、66020550、66028024、66022620(传真)
     E-mail:hhslcbs@126.com
承印单位:河南新华印刷集团有限公司
开本:787 mm×1 092 mm 1/16
印张:8.75
字数:202 千字
版次:2022 年 1 月第 1 版 印次:2022 年 1 月第 1 次印刷

定价:58.00 元

前　言

　　河砂在枯水期被集中开采,相比海砂、机制砂等具备成本低、质量优的特点。河砂资源在国民经济建设中具有必不可少、基本又是不可再生的特点。虽然河道采砂可以降低河床高程,有利于防洪安全,但过渡且无序采砂严重危及河道行洪安全:一是强行破堤修路,导致部分堤防、溢流坝、护坡等工程基础出露、沉陷、变形;二是乱采滥挖致使部分河段主流流向摆动,形成斜河、横河,严重冲刷岸滩,部分护砌工程失去防洪作用;三是改变了河道水流的流态、流速,导致河道冲淤失衡。过渡无序采砂造成多种生态问题:一是河床涵养水源、供给能力下降;二是丧失河床过滤降解功能,水质恶化;三是河漫滩湿地、林地逐步消失,各类水禽及鸟类难觅足迹,自然生态环境日益恶化。过渡无序采砂严重影响沿河、跨河公共设施安全,如跨河桥梁工程、跨河输油气管道与国防光缆等。

　　2012年,为扭转潍河砂资源乱采滥挖的局面,潍坊市实施了市管河段的采砂规划。潍河干流自峡山水库上游胶王路南古县拦河闸至入海口,长93.1 km;支流渠河自安丘市与沂水县的界桥孔家庄桥至峡山水库上游沂胶路,长63.2 km;支流汶河自高崖水库上游洛村漫水桥至潍河入汇处,长81.8 km,三条河流规划河段总长238.1 km。

　　潍河是山东省第一条进行砂资源专题研究的河道,填补了省内类似项目的空白,对于降水量偏少的北方地区且极具代表性的极少行洪河道,对其进行研究是十分必要的。

　　潍河砂资源研究,一是收集不同比例的区域地质报告及区域地质图,研究潍河流域的地形地貌、地层岩性、地质构造、区域构造稳定性以及进行流域内水文地质分区、含水岩组的分布及特征与地下水补径排条件及动态特征;二是现场调查潍河、渠河、汶河砂资源研究河段的地形地貌、地层岩性、河谷结构,基于地质图,研究沉积物(泥沙、砂砾)来源及母岩岩性特征;三是在调查的基础上,通过勘探取样,了解砂资源分布及特征,基于颗粒分析试验,研究砂资源的细度模数与平均粒径;四是通过可采区的划定,研究其砂资源分布、质量及可开采量。

　　研究团队中的董德学同志负责与上级部门和县(市、区)水利局的协调工作,张增刚与王涛同志负责勘探取样工作,杨光泉与李国栋同志负责可采区的划定与可开采量计算工作,在此一并致谢!

　　本书可供水利工程、地质工程、岩土工程、土木工程勘测设计生产单位的技术人员、管理人员和各级水利部门的技术人员、管理人员参考。

　　限于作者水平,书中难免存在疏漏之处,敬请读者批评指正。

作　者
2021年8月

目 录

第1章　潍河概况

1.1　河　流

潍河古称潍水,位于山东半岛中部,地处胶莱河以西、白浪河以东,发源于临沂市沂水县富官庄镇闵泉头村北的云秀山南麓,流经临沂市沂水县,日照市莒县、五莲县,潍坊市诸城市、安丘市、坊子区、寒亭区、昌邑市,于昌邑市下营镇北流入渤海莱州湾,干流全长 222 km,流域面积 6 502 km²,潍坊市域干流长 164 km,流域面积 5 315 km²,是潍坊市的母亲河。

潍河流域地势西南高、东北低。诸城市墙夼水库以上为上游,主要为山区,平均比降1/293;墙夼水库至峡山水库为中游,主要为丘陵区,平均比降 1/2 400;峡山水库以下为下游,主要是冲洪积平原及滨海平原区。流域内各种地貌类型比例分别为山区 23.9%、丘陵 29.1%、平原 25.4%、涝洼地 21.6%。

1958 年以来,潍河上中游及其主要支流共建成了峡山、墙夼、牟山、高崖大型水库 4座,三里庄、青墩子、石门等中型水库 16 座,小型水库 483 座,总控制流域面积 5 472 km²,占潍河流域面积的 85.9%。

潍河支流众多,集中于上中游,一级支流 15 条,其中流域面积 1 000 km² 以上的 2 条,分别是渠河与汶河;流域面积 300~1 000 km² 的 4 条;流域面积 100~300 km² 的 4 条;流域面积 100 km² 以下的 5 条。流域面积大于 100 km² 的支流自上游向下游分别为洪凝河、太古庄河、涓河、扶淇河、芦河、百尺河、渠河、洪沟河、史角河、汶河等。

洪凝河:发源于日照市五莲县洪凝街道办事处杨家庵村南的大青山西麓,自南向北流,流经五莲县洪凝街道办事处、高泽街道办事处,于高泽街道办事处大仲崮村北汇入潍河,河长 35 km,流域面积 381.4 km²。

太古庄河:发源于诸城市贾悦镇西洛庄村北,自西向东流,流经贾悦镇、舜王街道办事处,于舜王街道办事处金鸡埠村东汇入潍河,河长 26 km,流域面积 194.4 km²。

涓河:发源于五莲县松柏镇于家沟村,至诸城市龙都街道办事处指挥村南入潍坊市域,流经诸城市皇华、龙都 2 个镇(街道办事处),于龙都街道办事处大栗元村北汇入潍河,河长 44 km,流域面积 300.2 km²。诸城市域河长 14.5 km,流域面积 99.6 km²。

扶淇河:源出诸城市林家村镇殷家店村,扶河、淇河于三里庄水库上游相汇后,称扶淇河,诸城市域河流,流经皇华、林家村、密州 3 个镇(街道办事处)50 个村庄,至密州街道办事处白玉山子村西北汇入潍河,河长 34 km,流域面积 278.3 km²。

芦河:亦名芦水,诸城市域河流。源出林家村镇马山北麓东北庄村,流经林家村、密州、辛兴、昌城 4 个镇(街道办事处)55 个村庄,于昌城镇小庄家河岔村西汇入潍河,河长43 km,流域面积 172.5 km²,建有石门中型水库 1 座。

百尺河:古称密水,又名百尺沟,诸城市域河流,源出林家村镇鲁山沟村,向西北流经林家村、辛兴、百尺河、昌城 4 个镇 60 个村庄,于昌城镇王家巴山村西汇入潍河,河长49 km,流域面积 353.1 km²,建有郭家村与共青团中型水库 2 座。

渠河:发源于临朐县沂山镇大官庄村西的太平山西麓,流经临朐、安丘、诸城、坊子,于坊子区太保庄街道办事处凉台村北汇入峡山水库,河长 103 km,流域面积 1 060.6 km²,自20 世纪 50 年代以来,先后建成了下株梧、吴家楼、于家河和共青团中型水库 4 座。

洪沟河:发源于安丘市兴安街道办事处肖家庄子村南,流经安丘市的兴安、官庄、金家子、景芝 4 个镇(街道办事处)与坊子区的王家庄街道办事处,于王家庄街道办事处大孙孟村东北入峡山水库,河长 50 km,流域面积 356.6 km²。

史角河:发源于安丘市金家子镇水右官庄村,流经安丘市金家子镇、石堆镇、兴安街道办事处与坊子区王家庄街道办事处,于王家庄街道办事处北凌家院村东汇入潍河,河长28 km,流域面积 137.0 km²。

汶河:发源于临朐县沂山东麓,流经临朐、昌乐、安丘、坊子,于坊子区坊城街道办事处夹河套村北汇入潍河,河长 110 km,流域面积 1 687.3 km²,自 20 世纪 50 年代以来,先后建成了高崖、牟山大型水库 2 座,沂山、大关中型水库 2 座。

1.2　水文站网

潍河流域潍坊市域设有水库站 5 处,分别为峡山、墙夼、三里庄、高崖与牟山。峡山水库站建于 1960 年 4 月,控制流域面积 4 210 km²,主要观测水库水位、蓄水量、出库流量等,具有 1961~2018 年连续 58 年观测资料。墙夼水库站位于潍河上游,距峡山水库坝址92 km,控制流域面积 656 km²,该站建于 1960 年 6 月,主要观测水库水位、蓄水量、出库流量等,具有 1960~2018 年连续 59 年观测资料。三里庄水库站位于潍河上游支流扶淇河上,距峡山水库坝址 67 km,控制流域面积 240 km²,该站建于 1959 年 1 月,主要观测水库水位、蓄水量、出库流量等,具有 1960~1985 年连续 26 年观测资料。高崖水库站设立于1960 年 5 月,控制流域面积 355 km²。牟山水库站位于高崖水库下游,设立于 1960 年 6月,控制流域面积 1 262 km²。

河道水文站 4 处:其中干流 2 处,支流渠河 2 处。辉村水文站位于潍河干流,上距峡山水库 17 km,可控制潍河全部支流。控制流域面积 5 900~6 213 km²。该站建于 1950 年8 月,有 1951~1959 年、1963~1966 年观测资料;1973 年复设后改为汛期水位站。九台站(诸城)为河道水文站,位于峡山水库以上潍河干流,控制流域面积 1 790~1 900 km²。该站建于 1951 年 6 月,具有 1951~1998 年水文观测资料。石埠子为河道水文站,位于潍河支流渠河上中游,控制流域面积 554 km²。该站建于 1958 年 6 月,具有 1958~2010 年水文观测资料,2004 年 1 月迁至诸城市相州镇郭家屯村北,相距 26.2 km。此外,还有徐洞水文站,设立于 1956 年 5 月,1959 年改为水位站,1967 年撤销。

中华人民共和国成立后,潍河流域从 1950 年开始设立雨量观测站,但雨量站较少,当时有九台(1950 年设站)、五莲、石埠子(1951 年设站)、管帅、枳沟、景芝(1952 年设站)等少数几个雨量站。随着经济社会的发展,流域雨量站逐渐增加。截至目前,流域内共设有雨量站 32 处。

第 2 章　潍河流域地质概况

2.1　地形地貌

2.1.1　地形

潍坊市地形西南高、东北低。南部为中低山丘陵区,地形起伏变化较大,从南向北逐渐由高变低一直延续到胶济铁路南侧,一般地面高程 100~200 m。由此向北至莱州湾依次为冲积、洪积平原,滨海海积平原,地形平坦微向北倾斜,地面高程一般在 7~100 m。莱州湾南岸滨海平原狭长地带地面高程小于 5 m。

区内最高点位于临朐县境内的沂山玉皇顶,高程 1 032 m,渠河、汶河、潍河、沭河、沂河等河流均发源于沂山周边附近。最低点位于寒亭区、昌邑市北部,地面高程 2 m 以下,潍河、白浪河、虞河等在此入海。沿海地带形成微向海岸倾斜的海积平原,潮滩广阔,盐碱地极发育。

2.1.2　地貌

按成因类型将潍河砂资源研究河段附近地貌分为侵蚀构造地形、构造剥蚀地形、剥蚀堆积地形和堆积地形四大地貌类型 8 个地貌区(见图 2-1)。

2.1.2.1　侵蚀构造地形(Ⅰ)

临朐县南部沂山与安丘市西南部附近,是鲁中山区的一部分,高程 500~1 000 m,切割深度大于 200 m,新构造运动活跃,水流侵蚀作用强烈,山势陡峻、沟谷幽深,成为众多水系与河流(沂河、沭河、潍河、弥河)的源头。岩性多为前寒武纪变质岩和中生代火山岩,形成中低山地貌。

2.1.2.2　构造剥蚀地形(Ⅱ)

构造剥蚀地形(Ⅱ)分为微切割丘陵区(Ⅱ$_1$)、岩溶发育的低山丘陵区(Ⅱ$_2$)及岩溶不发育的低山丘陵区(Ⅱ$_3$)。主要分布于诸城东南前寒武纪地层分布区、青州及临朐西南部古生代岩溶发育的石灰岩分布区和岩溶不甚发育的地区。高程 500 m 左右,新构造运动以抬升为主,水流切割和风化作用强烈,切割深度小于 200 m,形成低山丘陵地貌。

2.1.2.3　剥蚀堆积地形(Ⅲ)

剥蚀堆积地形(Ⅲ)分为残丘丘陵区(Ⅲ$_1$)和准平原区(Ⅲ$_2$)。主要分布于潍坊市域中部[诸城、安丘、昌乐、坊子及高密等县(市、区)]。由低山丘陵长期风化剥蚀过程中以堆积作用为主,切割作用弱,形成低缓平坦的残丘地形,山间平原面积较大,向准平原化发展。

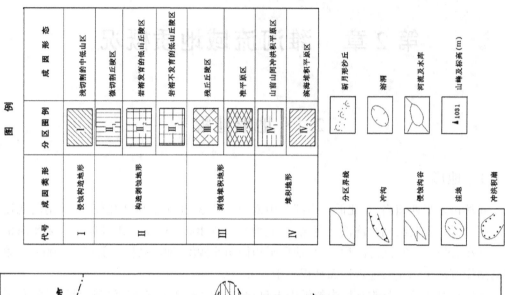

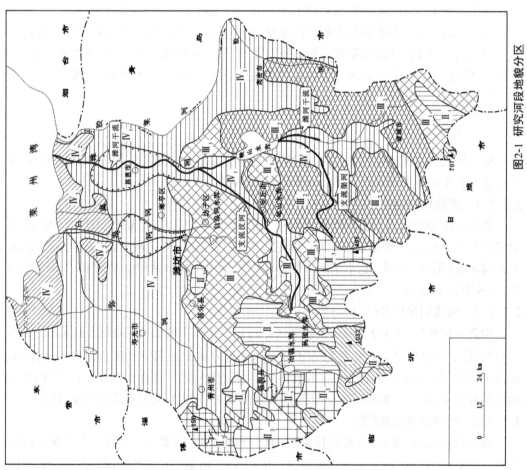

图2-1 研究河段地貌分区

2.1.2.4　堆积地形（Ⅳ）

堆积地形（Ⅳ）主要分布于胶济铁路以北广大地区。根据堆积物成因类型分为山前山间冲洪积平原区（Ⅳ$_1$）和滨海堆积平原区（Ⅳ$_2$）。前者主要由河流洪积、冲积而成。境内河网密度较大（潍河、弥河、胶莱河、白浪河、虞河等），河水由南向北流动，山洪暴发河水挟带大量泥沙堆积于附近，形成了潍坊北部广阔的洪积、冲积平原，地下孔隙水较为丰富，是主要水源地分布区。

潍坊市域北临渤海莱州湾，沿岸一带为滨海堆积平原区，根据堆积物成因类型分为海岸地貌与埋藏地貌。海岸地貌主要是粉砂淤泥质海岸，西起小清河口，东至莱州市虎头崖，东西长 100 余 km，南北宽 10～15 km，高程小于 5 m。埋藏地貌主要分布于山前冲洪积平原—滨海狭长地带间，地貌类型主要是全新世与晚更新世古河道带（潍河、弥河、白浪河等）。

2.1.3　海岸线变迁

晚更新世以来渤海相继发生了沧州海侵、献县海侵与黄骅海侵及其海退事件。相应地发生了三次较大的海岸线变迁。晚更新世早期沧州海侵（110～70 ka B.P.）南界从白浪河下游开始，沿央子、道口、南河至小清河。晚更新世晚期献县海侵（40～21 ka B.P.）南界自莱州市土山向西经火道、龙池、固堤、留吕至寿光。中全新世黄骅海侵（7～2.5 ka B.P.）南界自土山、新河、卜庄、夏店、南孙、候镇、广陵、王高、台头至大湾。

2.2　地层岩性

2.2.1　潍河

沿河两侧第四系发育、极发育，分布于现代河床、山前冲洪积平原、滨海平原及河流阶地，山丘区主要为全新统与晚更新统，山前冲洪积平原区主要为全新统与晚更新统，滨海平原区主要为全新统。基岩分布于河流阶地外侧，主要为白垩系下统青山群与莱阳群，古元古界粉子山群与荆山群。地层岩性及分布详见表 2-1。

2.2.2　支流渠河

沿河两侧第四系发育，分布于现代河床、阶地及山前冲洪积平原，山丘区主要为全新统与晚更新统，平原区主要为全新统。基岩分布于河流阶地外侧，主要为白垩系下统王氏群、大盛群、青山群、莱阳群。地层岩性及分布详见表 2-2。

表 2-1　潍河两侧地层岩性特征

年代地层			岩石地层			厚度（m）	岩性描述	分布范围
界	系	统	群	组	代号			
新生界	第四系	全新统	—	潍北组	Qhw	< 10	海陆交互相粉砂、粉砂质黏土	潍河两侧夏店北
			—	沂河组	Qhy	< 10	现代河流砂、砾堆积物	现代潍河河床
			—	寒亭组	Qhht	1 ~ 15	风成粉砂、粉细砂	潍河左岸夏店东南
			—	临沂组	Qhl	< 15	冲积相含砾粉砂质黏土及细砂	潍河两侧古县拦河闸—峡山水库左侧峡山水库大坝下游—昌邑县城东北，右侧峡山水库大坝下游—夏店北
		晚更新统	—	大站组	Qpd	10 ~ 80	冲洪积土黄色粉砂质黏土	潍河右侧石埠—宋庄，潍河右侧济青高速处
中生界	白垩系	下统	青山群	八亩地组	K$_1b$	920	暗灰色安山岩安山质集块角砾岩	潍河左侧穆村南—朱里西
			莱阳群	曲格庄组	K$_1q$	3 518	灰紫色细砂岩粉砂岩夹砾岩	潍河右侧峡山水库上游古县拦河闸—丈岭
				杨家庄组	K$_1y$	1 400	灰绿色中粗粒长石砂岩夹含砾砂岩	潍河左侧峡山水库上游兴和村附近
				止凤庄组	K$_1z$	110	黄绿色灰绿色页岩粉砂岩夹泥灰岩	潍河右侧峡山水库上游注沟东—高戈庄附近
古元古界	—	—	粉子山群	小宋组	Pt$_1x$	—	长石石英岩黑云变粒岩	潍河左侧胶济铁路南—济青高速附近
			荆山群	陡崖组	Pt$_1d$	—	黑云斜长片麻岩，透辉岩及大理岩	
				野头组	Pt$_1y$	—	黑云斜长片麻岩黑云变粒岩	

表 2-2 渠河两侧地层岩性特征

年代地层			岩石地层			厚度 (m)	岩性描述	分布范围
界	系	统	群	组	代号			
新生界	第四系	全新统	—	沂河组	Qhy	< 10	现代河流砂、砾堆积物	现代渠河河床
			—	临沂组	Qhl	< 15	冲积相含砾粉砂质黏土及细砂	渠河左侧于家河水库南侧，渠河右侧石埠子镇南侧、东侧 S222—峡山水库沿河两侧
		晚更新统	—	大站组	Qpd	10 ~ 80	冲洪积土黄色粉砂质黏土	渠河左侧庵上镇—召忽南，渠河左侧召忽西—于家河水库
中生界	白垩系	下统	王氏群	林家庄组	K_1lj	220	灰色砾岩夹紫色细砂岩	渠河左侧庵上镇西南
			大盛群	田家楼组	K_1t	1 840	黄绿色细砂岩粉砂岩夹页岩	渠河右侧马庄村—S222 西，渠河左侧庵上镇东—S222
			青山群	方戈庄组	K_1fg	218	黄色细砂岩、粉砂岩	渠河右侧于家河水库—王庄村、渠河左侧召忽东南
				石前庄组	$K_1\hat{s}q$	950	流纹质凝灰岩熔结凝灰岩	渠河右侧殷民村—召忽
				八亩地组	K_1b	920	暗灰色安山岩安山质集块角砾岩	富官庄北渠河两侧，召忽南渠河两侧
			莱阳群	曲格庄组	K_1q	3 518	灰紫色细砂岩粉砂岩夹砾岩	宋官疃东 G206 西，渠河左侧
				杨家庄组	K_1y	1 400	灰绿色中粗粒长石砂岩夹含砾砂岩	吴家楼水库 G206 东，渠河右侧
				水南组	$K_1\hat{s}$	110	黄绿色灰绿色页岩粉砂岩夹泥灰岩	临浯北渠河左侧

2.2.3 支流汶河

沿河两侧广泛出露第四纪地层，分布于现代河床、阶地及山前冲洪积平原，山丘区主要为全新统与晚更新统，平原区主要为全新统。基岩分布于河流阶地外侧，主要为新近系、古近系，白垩系下统王氏群、大盛群、青山群，中元古界与古元古界地层。地层岩性及分布详见表 2-3。

表 2-3　汶河两侧地层岩性特征

年代地层			岩石地层			厚度（m）	岩性描述	分布范围
界	系	统	群	组	代号			
新生界	第四系	全新统	—	沂河组	Qhy	< 10	现代河流砂、砾堆积物	现代汶河河床，汶河左侧高崖水库上游—池子村
			—	临沂组	Qhl	< 15	冲积相含砾粉砂质黏土及细砂	汶河左侧高崖水库北，汶河两侧高崖水库大坝—潍河入汇处
		晚更新统	—	大站组	Qpd	10 ~ 80	冲洪积土黄色粉砂质黏土	汶河右侧大盛镇北
	新近系	中新统	临朐群	牛山组	N_1n	87 ~ 290	灰黑色气孔状橄榄玄武岩	汶河右侧红沙沟镇东南贾戈镇东
	古近系	始新统	五图群	李家崖组	E_1l	92	黄绿色泥岩、砂质泥岩、粉砂岩夹油页岩	汶河左侧安丘县城西北、北
				朱壁店组	E_1z	172	砖红色砾岩、砂岩粉砂岩互层	汶河右侧红沙沟镇—凌河镇 汶河左侧高崖水库大坝北侧
中生界	白垩系	上统	王氏群	红土崖组	K_2h	447 ~ 1 700	紫红色细砂岩、粉砂岩夹史家屯玄武岩	汶河左侧高崖水库坝北 汶河左侧贾戈镇北 汶河右侧贾戈镇东 汶河左侧穆村南
		下统		林家庄组	K_1lj	220	灰色砾岩夹紫色细砂岩	汶河右侧安丘县城南
			大盛群	寺前村组	K_1s	500	紫灰色复成分砾岩、粗砂质砾岩	汶河左侧大盛镇北右侧大盛镇东
				田家楼组	K_1t	1 840	黄绿色细砂岩、粉砂岩夹页岩	汶河两侧大盛镇处
				马朗沟组	K_1ml	460	紫灰色复成分砾岩夹沸石岩	汶河两侧高崖水库下游
				大土岭组	K_1dt	227	黄绿色细砂岩、复成分砾岩	汶河右侧池子村—高崖水库大坝东
			青山群	方戈庄组	K_1fg	218	黄色细砂岩、粉砂岩	汶河右侧高崖水库下游 汶河右侧凌河镇西南
				石前庄组	$K_1\hat{s}q$	950	流纹质凝灰岩熔结凝灰岩	汶河右侧牟山水库东
				八亩地组	K_1b	920	暗灰色安山岩、安山质集块角砾岩	汶河左侧牟山水库西、北 汶河左侧贾戈镇北—穆村西
中元古界	—		—	—	$Pt_2\beta u$		辉绿岩	汶河右岸高崖水库东

续表 2-3

年代地层			岩石地层			厚度（m）	岩性描述	分布范围
界	系	统	群	组	代号			
古元古界	早期	早阶段	—		—	Pt$_1^{1a}\eta\gamma dj$	—	细粒二长花岗岩	汶河右侧池子村—高崖水库大坝南端
					Pt$_1^{1a}\eta\gamma s$	—	中粒二长花岗岩	汶河左侧高崖水库西北
					Pt$_1^{1a}\eta\gamma t$	—	弱片麻状中粒含黑云二长花岗岩	汶河左侧高崖水库北
					Pt$_1^{1a}\eta\gamma d$	—	弱片麻状中粒含角闪二长花岗岩	汶河左侧高崖水库西
					Pt$_1^{1a}\eta\gamma j$	—	条带状中粒黑云二长花岗岩	汶河左侧池子村西

2.3　地质构造

2.3.1　区域地质构造

潍河砂资源研究河段位于潍坊市东部,在地质构造单元上位于华北拗陷的边缘,是鲁东、鲁西构造区北部分界地带。鲁东、鲁西的构造分界是我国东部深大断裂郯庐断裂带的山东部分的沂沭断裂带,以西属华北板块,以东北部属华北板块,南部属杨子板块,中部形成两堑夹一垒的构造格架。渠河与汶河段位于该断裂内,潍河砂资源研究河段位于鲁东地块。潍河流域构造单元见图 2-2。

渠河与汶河大地构造单元属Ⅰ级构造单元华北板块—Ⅱ级构造单元鲁西地块—Ⅲ级构造单元沂沭断裂带—Ⅳ级构造单元马站—苏村地堑、安丘—莒县地垒、沂水—汞丹山地垒内。研究段内构造主要有安丘凹陷、马站凹陷与汞丹山凸起。干流潍河昌邑县域以南段属Ⅰ级构造单元华北板块—Ⅱ级构造单元胶北地块—Ⅲ级构造单元胶北隆起及坳陷区—Ⅳ级构造单元胶北隆起与胶莱坳陷内。研究段内构造主要有明村—担山凸起、高密凹陷与铺集凹陷;昌邑县域以北段属沂沭断裂带,研究段内构造主要有下营凸起与潍北凹陷。

2.3.2　主要区域断裂

潍河流域构造较为复杂,除干流潍河昌邑县城以南段外,北段及渠河与汶河均位于沂沭断裂带内。该断裂带总体走向 10°～25°,平均 17°,南窄北宽,南部宽 40 km,北部宽 50～60 km,为一深达地幔的断裂构造带。由四条主干断裂及其夹持的"二堑一垒"组成,自西向东四条主干断裂依次为郯郚—葛沟断裂、沂水—汤头断裂、安丘—莒县断裂与昌

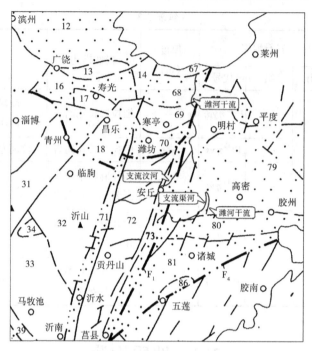

67—下营凸起;68—潍北凹陷;71—马站凹陷;72—汞丹山地垒;
73—安丘凹陷;79—高密凹陷;80—铺集凹陷

图 2-2 潍河流域构造单元

邑—大店断裂。西侧郝部—葛沟断裂和沂水—汤头断裂之间为马站断陷(地堑),中间沂水—汤头断裂、安丘—莒县断裂之间为汞丹山断隆(地垒),东侧安丘—莒县断裂和昌邑—大店断裂之间是安丘断陷(地堑)。潍河流域附近其他断裂主要有益都断裂、齐河—广饶断裂(见图 2-3)。

2.3.2.1 郝部—葛沟断裂

该断裂为沂沭断裂带最西边的一条断裂,也是鲁中隆起与沂沭断裂带的分界断裂。在潍坊市符山以北基本上沿白浪河的东侧支流发育,为第四系所覆盖;在昌乐县五图地区局部出露,向南轻度切过新近纪玄武岩,在郝部一带,裸露地表,向南至荷花池,再经沂水县城向南至葛沟,全长大于 160 km。

断裂总体走向 18°左右,中段 10°,北段增至 23°左右。在符山以南,地表露头清楚,在符山以北地表常为第四系覆盖,清晰程度较差。断裂西盘以基底岩系及古生界盖层为主,东盘主要为白垩纪火山岩及碎屑岩系,断裂总体东倾,呈正断层外貌。断裂在不同的地段切割的地质体,构造岩的发育及活动期次、活动性质存在较大差异,分段描述如下:

(1)高镇北—白石岭段:此段断裂地表露头清楚,走向 18°左右,沿断裂发育较多古生界及土门群地层断片,断片中地层大多北北东走向,倾向北西,由南往北断续相连,地层发育也有自南向北逐渐变新的趋势。主断裂以西地层复杂,断裂发育,地层主要为奥陶系,断裂附近为石炭纪的月门沟群,并有小型煤矿及黏土矿。断裂东盘为青山群八亩地组火山岩。断裂带内挤压透镜体及断层泥发育,主要力学性质为压扭性。在王家庙一带,断裂比较宽阔,宽近 2 km,由大小不等的 10 多条断裂组成。

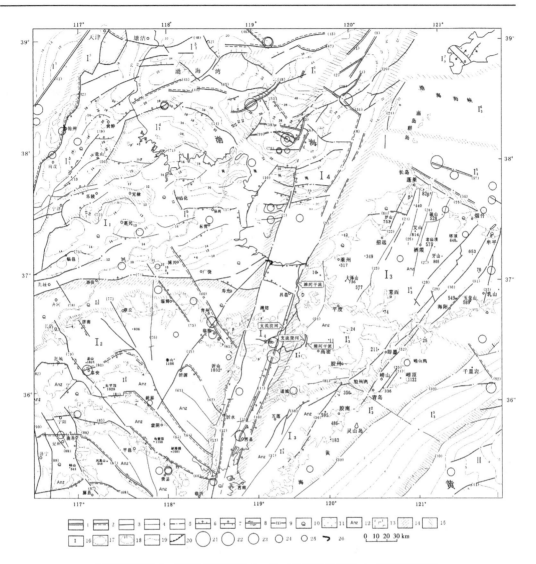

1—全新世活断裂；2—晚更新世活断裂；3—早、中更新世活断裂；4—前第四纪断裂；
5—隐伏断裂；6—正断层；7—逆断层；8—走滑断层；9—主要断裂及编号；10—昌邑—大店断裂；
11—白芬子—浮来山断裂；12—沂水—汤头断裂；13—郎郡—葛沟断裂；14—安丘—莒县断裂；
15—上五井断裂；60—益都断裂；61—双山—李家庄断裂；74—齐河—广饶断裂；91—景芝断裂

图 2-3　潍河流域附近主要断裂

（2）白石岭—刘家砚峪段：本段地表露头清楚，走向 18°左右，断裂以主断面形式存在，产状 110°∠84°（七宝山）。断裂的西盘为前寒武纪基底岩系，东盘为青山群八亩地组火山碎屑岩系及大盛群沉积岩，断裂附近均发育有青山群，其中七宝山、符山一带火山岩厚度较大发育有多处火山机构。断裂带主要发育构造碎裂岩，基底一侧碎裂岩带较宽，一般宽 30~100 m，变形强烈，断裂东侧的青山群变形不太强烈，二者的断面非常清晰。

（3）刘家砚峪—牛旺子段：断裂分为两支，一支继续沿河发育，向南在基底中延伸，另一支隐入新近纪玄武岩之下，至牛旺子一带方又重新裸露，从卫星图片上看断裂在牛旺子一带为近东西向断层切过，并平移大约 1 km，东西向断裂同时切错了其上的玄武岩，为新构造运动期的断裂。

综上所述,郯郚—葛沟断裂作为沂沭断裂带的西界断裂,其各段的活动规模、活动历史有显著的差异。南段活动较弱,中段活动强烈。主要活动期次:①前青山期,发育于古生界与基底之中,控制了凸起和凹陷,主要为张性;②青山期,以扭性为主但活动不大,主要控制青山群火山岩;③大盛期,压扭性左行平移,形成宽度较大的挤压破碎带,构造透镜体带;④晚白垩世,又一次扭性运动,产生一些断层泥等;⑤新构造运动,以垂直运动压性为主,切割新近纪玄武岩,发育断层泥。断裂北段新生代构造影响较大,反映较弱。

2.3.2.2 沂水—汤头断裂

该断裂是马站—苏村凹陷与汞丹山凸起的分界断裂,北端为第四系及新近纪玄武岩覆盖,断裂局部切错新近纪玄武岩,稍有断距。从大柳树镇北,开始裸露地表,向南经北展、青上、墨黑、哨虎峪到杏山子等,总体走向18°,南段出露良好,北端多为第四系覆盖。

断裂东盘以基底岩系为主,西盘以白垩纪的青山群、大盛群为主,在沂水哨虎峪一带,沿断裂带发育有较多的古生界断片,断裂总体西倾,倾角60°~80°,显示正断层外貌。断裂带一般宽度较大,构造复杂,多发育主断面。但它在不同的区段上,构造特征存在差异,分段描述。

(1)北展东—青上段:断裂带出露较好,总体走向10°左右,卫星图片上反映清楚。断裂东盘为基底岩系,西盘为大盛群田家楼组或马朗沟组,断裂以主断面形式存在,主断面走向10°,主要为西倾,倾角50°~70°,少数东倾。断裂带宽约50 m,主要发育构造碎裂岩带及构造透镜体。它也为众多北西向的断面切割。

(2)青上—东升段:该断裂多为第四系覆盖,仅在青上及雨落山一带有少量露头,断裂在这一带发生较大的偏转,走向转为近北西向。青上以南产状245°~265°∠20°~60°,断裂带内,主要发育构造碎裂岩,并产出铜矿。断裂东盘为基底岩系,西盘为大盛群田家楼组。基底中岩石破碎较重,而田家楼组变形不强。在雨落山断裂产状为265°∠85°,断裂带宽度不大,构造碎裂程度较轻,断裂东盘为基底岩系,断裂西盘为寺前村组砾岩。

综上所述,沂水—汤头断裂是一条规模巨大的断裂,它作为马站—苏村盆地与汞丹山凸起的边界断裂,经历了多期复杂的活动,在不同的区段构造活动特征有较大差异,总体上该断裂一般发育主断面,断裂带中常夹有大小不等的灰岩断片,它们呈透镜状产出。在北部常发育玄武岩覆盖,又被新的断裂活动切开。

2.3.2.3 安丘—莒县断裂

安丘—莒县断裂在区内北起昌邑市青乡东,向南经昌邑东、朱里、穆村、南流、贾戈、安丘青云山、田家官庄、官庄、庵上、石埠子至孟疃,总体走向20°,北部被第四系覆盖,南部露头较连续,由一组平行断面组成,各断面倾向不定,倾角一般70°~80°。主断面位于朱里、穆村、青云山、官庄、石埠子一带,走向20°,倾向北西,倾角55°~80°,不同区段的构造特征和分化意义有一定差异。根据断裂发育及第四系覆盖情况,现分段描述如下:

(1)青乡东—柳疃东段:断裂沿潍河发育,该段第四覆盖很厚,从钻探资料反映,第四系厚达400 m,安丘—莒县断裂和昌邑—大店断裂正位于第四系厚度强烈变化的梯度带上,反映该段新生代强烈活动。第四系之下,断裂两盘均发育古近纪济阳群,与华北拗陷沉积物相似,主要表现为断裂带强烈下陷。该段南端为北西西向断裂左行平移了

2 km,并使河谷发生转弯,北西西向断裂也沿第四系厚度变化梯度带发育。反映了新生代华北裂陷与沂沭断裂带的切割关系。

（2）夏店西—朱里北段:断裂为第四系覆盖,但覆盖较浅。第四系之下,断裂东盘主要为王氏群、五图群的地层;断裂西盘为青山群的火山岩,局部有临朐群玄武岩覆盖。

（3）朱里—贾戈北段:断裂主要发育于青山群火山岩与王氏群红土崖组之间,由多条断面组成,发育宽度较大的断层泥及挤压劈理带,显示断裂在古近纪以后以压性及右行扭压为主。断裂在朱里一带,切断了临朐群的玄武岩,且断距较大,说明断裂至今仍活动强烈。断裂西盘主要为坊子盆地的青山群火山岩,北部一带石前庄组的膨润土矿、沸石矿非常发育。断裂的东盘发育王氏群红土崖组,地层受挤压强烈褶皱并直立,在安丘盆地中总体呈紧闭向形,两侧的史家屯玄武岩对称,地层中发育恐龙蛋和其他生物遗迹,核部发育胶州组的伊利石黏土矿。

（4）贾戈—马庄段:该段断裂分布于大沙埠—马庄一带,露头较好,比较平直,北端为第四系覆盖。断裂主要发育在王氏群红土崖组、大盛群田家楼组中,各条断裂倾向稳定,倾角较陡。在青云山一带,露头可见 5 条断面发育在 2 km 宽的范围内,断裂均陡倾。各断裂破碎带宽 10~100 m,主要发育构造透镜体、劈理化断层泥,断裂带间的地层发生褶皱。主断面赵家官庄—青云山位于青云山一带,断裂发育于王氏群红土崖组与大盛群田家楼组之间,发育砖红色挤压劈理带、砖红色构造角砾岩带、构造透镜体带、强迫平行带、节理密集带,挤压劈理化带中,充填大量的方解石脉,主带宽 100 m,在青云山形成一紧闭的向斜构造,主要反映了断裂在古近纪以后,以挤压或右行压扭为主的活动。次级断裂以常家庄和田家官庄—大沙埠规模较大,常家庄位于青云山以东的为善一带,断面产状 80°∠87°,宽 25 m,发育构造劈理带,构造透镜体带,构造透镜体大小一般为 10~100 cm,均呈不对称的"σ"形,显示强烈的压性,兼有右行扭动。田家官庄—大沙埠位于青云山以西一带,产状 110°∠80°,宽 20 m,发育构造劈理带。

（5）马庄—赵家官庄段:该段位于断裂带南段,断裂出露良好,比较平直,断裂主要发育在王氏群、大盛群中,各条断裂倾向稳定,倾角较陡。露头可见 8 条断面发育在 3~4 km 宽的范围内,断裂均陡倾。各断裂破碎带宽 10~50 m,主要发育构造透镜体、断层泥,断裂带间的地层发育牵引褶皱。断裂发育于王氏群林家庄组或大盛群田家楼组中,在马留屯、小苇园、河南头、川里、下汙官庄形成一系列紧闭的褶皱构造,主要反映了断裂在古近纪以后,以挤压或右行压扭为主的活动。

（6）马留店—孟疃北段:主要由 4~6 条平行排列的断层组成,形成宽约 4 km 的断裂带,中部多被第四系覆盖。该段地貌特征明显,在疃泉幅露头区,低矮的山包呈北东向展布。贾悦幅虽然多被第四系覆盖,但第四系沿断裂呈北北东向狭长条带状展布,渠河在断裂位置上向北北东方向偏转。均说明断裂对第四系的控制,也说明安丘—莒县断裂在第四纪仍活动。

里戈庄—石埠子断裂为安丘—莒县断裂组中最醒目、规模最大的北北东向断裂,是安丘—莒县断裂带的主断裂,也是鲁淮地块和胶辽地块两个Ⅱ级构造单元之间的边界断层。总体走向 20°,倾向北西西,倾角一般 70°~80°,断层于王氏群与大盛群之间。断裂西盘派生的北西向剪切断层,指示主断裂经历了左行压扭运动阶段。断裂破碎带宽 300 余 m,断裂西侧的王氏群砾岩发生碎裂岩化,东侧的大盛群泥质粉砂岩发生紧密褶皱以及强烈劈理化。

综上所述,安丘—莒县断裂是一条规模巨大、切割深度巨大的边界断裂,它划分了鲁西与鲁东的边界。该带派生、伴生的构造非常发育,有的规模较大。其活动也具有多阶段性:①张性阶段,主要表现为断裂带中的张性构造角砾岩及其所控制的中生代地层沉积边界。②左行压扭性阶段,主要表现为断裂带中普遍发育的压扭性的构造透镜体化带、片理化带以及断裂西侧广泛发育的平移牵引构造,如层间拆离构造、牵引帚状构造等。扭动方向均为左行,扭动期次可分为三期:一期大约发生在莱阳期;二期大约发生在青山期,左行平移与火山喷发同时,应为主要平移期;三期为大盛期,活动较微弱,主要由大店断裂活动形成进一步的拉分及平移深陷盆地。③右行扭压性阶段,发育在较晚的时期,大致为古近纪早期,以该断裂带的新断层泥、王氏群强烈的右行挤压劈理带及牵引褶皱为特征。

2.3.2.4　昌邑—大店断裂

昌邑—大店断裂是沂沭断裂带的东界断裂(而非鲁西台隆的东界断裂),在区内,它北起昌邑市东冢一带,往南经围子、黄旗堡、石堆西、西营、吴家楼、锡山子至金沟一带,向南延出幅外,区内长 110~120 km,总体走向20°左右,倾向西,倾角70°~80°。断裂带北部沿潍河发育,基本为第四系覆盖,南端出露略好,宽度较大,变形较强烈,多被北西向断层切割,是沂沭断裂带中一条非常重要的断裂。

断裂北段,东盘主要发育胶北隆起的基底岩系(粉子山群、荆山群),西盘主要发育大盛群及王氏群地层,断裂整体呈正断层外貌。南段主要发育于中生界中,西侧主要为大盛群,东侧主要为莱阳群。它的分段特征如下:

(1)夏店以北:断裂沿潍河发育,该段第四系覆盖很厚,从钻探资料反映,第四系厚达400 m,昌邑—大店断裂正位于第四系厚度强烈变化的梯度带上,反映该段新生代强烈活动。第四系之下,断裂西盘发育古近纪济阳群,与华北拗陷沉积物相似,第四系厚度甚至更大;断裂东盘上部局部发育新近纪临朐群玄武岩,基底主要为胶北隆起的粉子山群,显示正断层外貌。该段南端为北西西向断裂左行平移了 2 km,并使河谷发生转弯,北西西向断裂也沿第四系厚度变化梯度带发育。反映了新生代华北裂陷与沂沭断裂带的关系。

(2)夏店—石堆西:该段的北部断裂仍沿着潍河发育,但覆盖较浅;南端局部有露头出现。总体上断裂东盘为胶北隆起的基底岩系(荆山群及粉子山群),南部基底之上发育少量的莱阳群及王氏群沉积,断裂西盘为王氏群地层。该段断裂露头较差,断裂活动较弱。

(3)石堆西—中洛庄:昌邑—大店断裂由一系列北北东向挤压破碎带、挤压揉皱带和五十里铺—中洛庄断裂组成,南端被百尺河断裂截切。五十里铺—中洛庄断裂为昌邑—大店断裂的主断面,与安丘—莒县断裂相距 5~6 km,多被北西向及北东向断裂切割,局部被第四系覆盖。断裂呈舒缓波状,总体呈 25°方向延伸,断面产状 275°∠70°~80°。破碎带宽 100 余 m,揉褶及劈理较发育,断裂西盘往往发育宽大的紧密褶皱带,伴生褶皱轴10°左右,派生褶皱轴向多为北西向,均指示断裂的活动方式为左行压扭,在金沟村西的断裂与8°方向挤压破碎带的交切关系,以及劈理、褶曲等派生构造,均表明断裂呈左行压扭性质。

(4)中洛庄以南:断裂与景芝断裂合并,断于王氏群中,强度和规模较小,断面产状130°∠76°,在小岳戈庄见到断层角砾岩和微弱劈理化;在局部地段切割王氏群红土崖组史家屯旋回潜玄武岩。

综上所述,昌邑—大店断裂是沂沭断裂带中一条重要的断裂,其变形特征主要表现为挤压褶皱、挤压劈理等,其力学性质及构造演化非常复杂,大致分为如下活动阶段:①青山期的张裂阶段,在鲁东地区发育较多的北东向重晶石脉、方解石、褐铁矿脉。莱阳群张性破碎,正长斑岩脉沿断裂侵位以及发育较多的张性构造角砾岩。②左行平移阶段,以宽度较大的构造柔皱带及片理化带为特征(大盛群沉积以后)。③右行挤压阶段,本阶段主要特征有:大量发育的断层泥,发育于王氏群与大盛群中的挤压劈理带、挤压褶皱带。

2.3.2.5　齐河—广饶断裂

该断裂是华北裂陷带与鲁西地块的边界断裂。隐伏于第四系之下,西起广饶县大王一带,经寿光、寒桥、留吕至东南村一带,与沂沭断裂带交切。该断裂宽5~10 km,由2~3条断裂组成,总体为阶梯式断裂,东西走向,倾向北,倾角60°~80°。始新世—中新世为齐河—广饶断裂强烈活动期,并伴有火山活动。此断裂第四系仍在活动,并与北西向的益都断裂交汇处构成现代地震的地震构造。

2.3.2.6　益都断裂(青州—大车沟断裂)

该断裂走向300°、倾向30°、倾角61°,多为第四系覆盖,物探异常反应明显。此断裂活动性很强,大地应变测量显示,益都断裂以北为趋势性沉降区,以南为一醒目的隆起区,断裂带以构造角砾岩为主,发育宽度较大的构造角砾岩带,构造角砾岩以灰岩为主,呈黄褐色或红褐色,断层最新活动时间为晚更新世(12.33±1.04 Ma)。

2.3.3　新构造运动

沂沭断裂带为新构造运动强烈活动地区,该断裂以差异性升降为主,凸起区为弱的上升剥蚀,凹陷区为弱的沉降堆积。带内新断层表现为继承性新断裂,尤以昌邑—大店断裂、安丘—莒县断裂表现明显。

沂沭断裂带内主要水系呈支、主流近直角相交的格状,很多水系直接沿着断裂发育,它们显示了水系明显受隐伏断裂的控制;河流两侧支水系在断裂附近发生扭曲,它们发育S形的同向转弯,显示新构造运动期曾发生过左旋扭动;安丘—莒县断裂主断面附近,冲沟呈平行的羽状水系,水系垂直于主断面,显示安丘—莒县断裂的新活动。弥河、潍河、白浪河、汶河和其支流构成了各自的树枝状水系,区内的山脉地势决定了水系的展布及流向,多受不同方向的线性构造控制,水系总体以北东向和北西向为主,次为南北向及东西向。水系自然弯曲者少,多为构造扭曲或追踪不同方向的断裂而弯转。弥河北段总体受五井断裂控制,呈北东向,临朐—青州一段受南北向的临朐断裂控制,并被多条北西向断裂切断,而河流呈锯齿状。白浪河北段基本受郚部—葛沟断裂控制而成北北东向。潍河北部受安丘—莒县断裂和昌邑—大店断裂控制,但在潍坊市穆村—昌邑市柳疃一段被北西向断裂多次切为锯齿状。总体显示北西向断裂的活动较新,并切割沂沭断裂带,这是区内新构造运动较明显的标志。

河流中的沉积物也反映了新构造运动的特点,在沂沭断裂带的盆地中,河床较宽,流水散乱,边滩、心滩众多,内生蛇曲发育,河床坡降小,水流缓慢,泥沙淤积,反映了盆地在全新世以来持续下陷,而在泰沂隆起的山间河流中,发育 V 形河谷,河床窄,水流集中,砾石巨大,边滩不发育,内生蛇曲亦不发育,河床坡降大,水流湍急,反映了鲁中隆起区大部分地区在全新世持续上升。

据山东、临沂地震台网统计,$Ms \geqslant 1.0$ 级地震主要沿昌邑—大店断裂、安丘—莒县断裂分布,占沂沭断裂带地震总数的 78%。历史上沂沭断裂带曾多次发生过强烈地震,公元前 70 年安丘西南发生 7 级地震,1668 年莒县—郯城 8.5 级大地震的震中就在该带内,1888 年的渤海湾地震,震级为 7.5 级;1969 年发生在渤海的 7.4 级地震。1995 年该带南部苍山一带又发生 5.6 级地震。这都说明该带是较强的地震活动带,也是新构造运动强活动带。

2.4　水文地质条件

2.4.1　水文地质分区

潍坊市南部为低山丘陵区,北部为河流冲洪积及海积平原区,地层、岩性复杂,构造发育。正处在山东省三大水文地质区交汇处,根据本区地层岩性、地质构造、地貌形态和水文地质条件,将潍河砂资源研究河段划分为 3 个一级水文地质区,又进一步依据所处位置、含水性和成因类型等将潍北平原水文地质区、潍西南中低山丘陵水文地质区和潍东南丘陵水文地质区划分了水文地质亚区(见表 2-4、图 2-4)。

表 2-4　潍坊市水文地质分区

一级水文地质区		二级水文地质区	
代号	名称	代号	名称
I	潍北平原水文地质区	I₁	潍北山前冲洪积平原水文地质亚区
		I₂	潍北冲洪积平原水文地质亚区
		I₃	潍北滨海平原水文地质亚区
II	潍西南中低山丘陵水文地质区	II₁	潍西南断陷盆地水文地质亚区
		II₂	潍中南中低山丘陵水文地质亚区
III	潍东南丘陵水文地质区	III	潍东南丘陵水文地质亚区

2.4.2　含水岩组分布、发育规律及特征

本区地下水含水岩组大致可分为第四系孔隙水含水岩组、碳酸盐岩类裂隙岩溶水含水岩组、基岩裂隙含水岩组。

2.4.2.1　第四系孔隙水含水岩组

第四系孔隙水含水岩组主要分布于潍北平原水文地质区,潍西南中低山丘陵水文地质区沿弥河谷地及沟谷低洼处发育,潍东南丘陵水文地质区沿潍河、胶河冲洪积平原发育

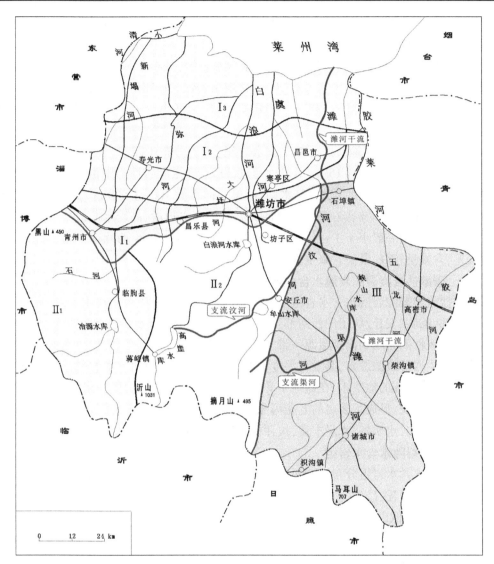

I$_1$—潍北山前冲洪积平原水文地质亚区；I$_2$—潍北冲积平原水文地质亚区；I$_3$—潍北滨海平原水文地质亚区；

II$_1$—潍西南断陷盆地水文地质亚区；II$_2$—潍中南中低山丘陵水文地质亚区；III—潍东南丘陵水文地质亚区

图 2-4 研究河段水文地质分区

分布。主要补给来源为大气降水,其次为南部山区的径流补给及河流的侧向渗入补给。

(1)潍北平原水文地质区孔隙水含水岩组:分布于胶济铁路以北广阔平原,主要岩性为第四系冲洪积形成的中粗砂、砾石,以及冲积海积形成的粉细砂、亚砂土、亚黏土。其厚度分布不均,从南到北由薄变厚,颗粒由粗变细,含水层由单层变为多层,孔隙水的运动形态为补给径流型—径流、开采(淡水)排泄型—开采(卤水)、径流排泄型。潍北平原区中上部冲洪积扇的轴部及外围、河流两侧第四系孔隙水最为发育,是潍坊市工农业生产及城镇居民生活供水的主要开采地段,富水性强,单井涌水量一般为 1 000~3 000 m³/d,强富水地段可达 5 000 m³/d,矿化度一般小于 1~2 g/L。地下水埋深一般为 11~25 m,局部因强开采,埋深超过 50 m(潍寒漏斗)。北部滨海平原区分布着广泛的卤水资源,浅层卤水单井涌水量一般为 500~1 000 m³/d,地下水埋深一般为 2~10 m,局部受卤水开采的影响埋深较大。矿化度一般大于 2 g/L。

(2)潍西南中低山丘陵水文地质区孔隙水含水岩组:分布于弥河两侧及沟谷低洼处。第四系厚度一般为 3~15 m,厚者可达 20 m,含水层岩性为中粗砂、砾石,地下水埋深一般为 5~10 m,单井涌水量 100~1 000 m³/d,水质好,矿化度小于 1 g/L,临朐水源地坐落在弥河冲洪积扇上。

(3)潍东南丘陵水文地质区孔隙水含水岩组:主要分布于潍河、五龙河、胶河冲积平原。第四系厚度一般为 10~15 m,最厚处超过 20 m,含水层岩性为中粗砂、砾卵石,地下水埋深一般为 5~10 m,补给充沛,富水性好,单井涌水量 100~1 000 m³/d,局部达 3 000 m³/d。黄旗堡水源地就坐落在潍河与汶河交汇处的富水地段,高密水源地分布于胶河两岸,水质好,矿化度一般小于 1 g/L。但在高密北部仁和、大牟家、西北部蔡站一带地下水水质较差,含氟量较高,最高含氟量为 3.4 mg/L。

2.4.2.2　碳酸盐岩类裂隙岩溶水含水岩组

碳酸盐岩类裂隙岩溶水含水岩组分布于潍西南中低山丘陵水文地质区内,青州的西部及西南部、临朐、安丘、坊子的西南部及昌乐的东部一带。含水层岩性为寒武、奥陶系灰岩。最有代表性的是临朐南部冶源一带,地形起伏大,沟谷切割强烈,冶源南部的寒武—奥陶系灰岩中岩溶裂隙发育,其发育深度一般为 40~100 m,为地下水的赋存运移营造了良好通道,来自南部的地下水,在盆地中受到北部青山群火山岩地层的阻挡而富集,以泉的形式出露于地表,形成了著名的老龙湾泉群,多年最大流量 158 976 m³/d,本阶段最大流量 99 360 m³/d,水质好,水量丰富,被评价为锶型饮用天然矿泉水。

2.4.2.3　基岩裂隙水含水岩组

基岩裂隙水含水岩组分布于潍西南中低山丘陵及潍东南丘陵水文地质区,临朐的东南部、沂山山区、安丘、昌乐、坊子的南部一带。

(1)潍西南中低山丘陵水文地质区基岩裂隙水含水岩组:岩性为太古界泰山群变质岩,古生界寒武系、奥陶系石灰岩、白垩系砾岩、凝灰岩、安山岩,新生界第三系玄武岩、砂岩等。岩石结构致密,含风化裂隙水,单井出水量一般小于 100 m³/d。在昌乐南部、坊子等地为玄武岩分布区,含孔洞裂隙水,单井出水量 500 m³/d,水质好,矿化度小于 1 g/L,该含水岩组评价处多出锶、偏硅酸型矿泉水。

(2)潍东南丘陵水文地质区裂隙水含水岩组:分布于高密、诸城、安丘的东部、昌邑南部等地区,主要岩性为白垩系砂岩、砾岩、页岩、火山角砾岩、凝灰岩等,含基岩裂隙水,风化裂隙发育深度小于 40 m,地下水埋深一般为 2~12 m,单井出水量小于 100 m³/d,矿化度 0.5~1.5 g/L。

2.4.3　地下水补给、径流、排泄条件及动态特征

2.4.3.1　地下水补给、径流、排泄条件

地下水的补给、径流、排泄主要受地形、地貌、岩性、构造、气象以及人工开采诸因素的影响。地下水的运动因水文地质条件的不同而各有差异。

1. 地下水的补给

本区地下水的补给来源主要有如下 3 个方面:

(1) 大气降水是地下水的主要补给来源,本区地下水位动态受大气降水的控制而相应变化,只是动态变化的幅度不同而已。第四系孔隙水的水位、水量的变化和全年降水的变化有密切关系,地下水位年内有一次显著的增高和降低过程,与降水量规律基本一致。

(2) 地表水补给地下水,本区河流近几年来已成为季节性河流。但在枯水期,由于河流上部水库放水,区内的河流基本未断流,而且河水水位高于地下水位,地表水补给地下水。

(3) 东部丘陵区的径流补给:东部红卫村—穆村一带丘陵区,地形相对较高,大气降水后,一部分沿裂隙下渗补给地下水,一部分随地形坡降沿沟谷向北径流,转化为地表水体,最终通过侧渗与下渗补给地下水。另外,水库渠道渗漏及灌溉用水下渗也是不可忽视的补给来源。

2. 地下水的径流、排泄

地下水的径流与排泄,受地形、地貌、构造及人工开采等因素的制约。工作区地下水的总体流向与地形坡度一致,由南向北径流;东部红卫村—穆村一带丘陵区,大气降水入渗后,地下水由分水岭呈散流状径流。地下水的排泄方式以地下水径流排出区外和人工开采为主,其次为蒸发、排泄。

2.4.3.2　地下水动态特征

1. 孔隙淡水水位动态

孔隙淡水主要分布在胶济铁路以北及南部山间、河谷低洼处。其水位动态受气象因素、水文因素及人为因素的影响不断发生变化。

孔隙淡水的主要补给来源为大气降水,降水的多少直接影响了地下水位动态的变化,一般每次较大的降雨,都引起了地下水位较大幅度的上升。每年的 1～3 月,各地降水量与蒸发量均较小,区域地下水开采量也较少,此时期的地下水位比较稳定。4～6 月,天气干旱,少雨多风,蒸发量处于一年中最大时期,加上农业灌溉开始,此时地下水位不断下降,以致降到全年最低谷。至 7～9 月,进入雨季,降水量逐渐增多,蒸发量逐渐减少,此时农业灌溉一般也停止,地下水位逐渐抬升,受包气带对降水下渗的影响,略滞后于大气降水补给而达到全年最高水位。10～12 月又处于相对稳定的状态。至第二年又是一个大致相同的变化周期。

大气降水量和潍河、渠河、汶河沿河县(市、区)地下水开采程度对地下水位影响较大,2000～2005 年潍坊市降水量较大,全市平均降水量为 722.4～830.2 mm,地下水开采程度较小的县(市、区),如潍坊市区,地下水位明显上升,开采程度较大县(市、区)(超采区),如昌邑县城与高密西北部,地下水位下降,开采程度 100% 左右的地段,地下水位相对稳定。

潍河上游的诸城一带,地下水埋深较小,一般在 2～6 m。2000～2005 年,地下水位变化不大,随降水量的大小略有起伏,一般是降水量较大的年份地下水位上升,降水量较小的年份地下水位下降,水位动态曲线呈波浪起伏状态。到潍河的中游一带,地下水平均水位一般在 0.41～1.90 m,2000～2005 年,地下水位缓慢回升。至潍河的下游一带,地下水位由 2000 年的-2. 29 m 逐年下降至 2005 年的-10. 18 m,5 年下降了 7. 89 m,下降的主要原因是昌邑水源地过量超采。

2. 卤(咸)水水位动态

昌邑市柳疃镇以北的潍河下游的沿海一带是卤(咸)水分布区。该区段为滨海平原区,地形平坦,海陆相沉积交互叠加,含水层岩性颗粒较细,厚度不大,但层次较多。地下水埋藏浅,径流条件差,蒸发浓缩强烈。地下水除接受大气降水补给外,海潮、海侵径流倒灌也是其主要补给来源。蒸发和卤水开采是其主要排泄方式。地下水类型为渗入—蒸发、开采型。

卤水矿区内 2005 年较 2000 年上升了 2. 0~4. 0 m,局部地段下降了 0. 3~1. 5 m,2000~2005 年,地下水位持续下降,2000 年平均水位-0. 71 m,至 2005 年时降到了-1. 07 m,5 年下降了 0. 36 m。2000~2005 年最大水位 5. 50 m,最低水位-0. 22 m。

咸淡水变化带 2000~2005 年平均水位连续上升的幅度 2. 68~6. 99 m。昌邑市夏店镇夏店村年平均水位由 2000 年的-1. 10 m,上升到 2005 年的 1. 58 m,上升了 2. 68 m,最高水位 14. 1 m,最低水位-6. 6 m。水位上升主要是南部淡水、北部卤水开采和降水等综合因素所导致,2000~2005 年降水量较大,降水入渗量大于卤水开采量,使地下水位连续上升,水位上升的同时,使卤水的浓度变低。

3. 裂隙水水位动态

基岩裂隙水主要分布在昌乐县南部与安丘市西南部、东北部一带,赋存在老地层及中生界砂、砾岩及新生界玄武岩的风化裂隙及构造裂隙中。一般富水性不强,单井涌水量 100~500 m^3/d。基岩裂隙水处在低山丘陵区,主要补给来源为大气降水,其次为南部山区的地下水径流补给。一般最高水位出现在丰水期 8~9 月,最低水位出现在枯、平水期。

第 3 章　潍河砂资源研究

潍河古称潍水。据现有潍河源头多种成文资料,均称该河发源于莒县箕屋山北麓。通过考证中国人民解放军总参谋部测绘局 1982 年出版的圈里幅(10-50-142-丁)与东莞幅(9-50-10-乙)1:5 万地形图,在莒县北部偏西,有箕山一座,屋山一座,并非箕屋为一名,应当分作箕山和屋山来解,箕山现今位于沂水县境内,屋山为沂水县与莒县的界山。

潍河源头有二。北源,自库山村北上至莒县与沂水县交界的杨庭山,西向至宝山坡村北的箕山西麓,此为圈里幅记载的潍河北源头。据有关资料,潍河河道并非止于箕山脚下,而是沿箕山北趾又西约 3 km,至大茅山东北又转北约 2 km,到沂水县泉头庄村东,河道变成宽仅数米的小沟。泉头庄在沂水县东北部,居屋山之阴,距县城约 35 km,古代曾为莒地。泉头庄是由马泉头、闵泉头、西泉头三个村组成的一个自然村落,闵泉头村居北,泰(安)薛(家岛)路经村前横贯东西,将马泉头、西泉头两村与闵泉头村南北隔开。村西有南北长山,称西山,为东西分水岭。闵泉头村北有小山,名云秀山,齐长城所经,山上植被差,西麓与西山连,再北是绵延东西,为南北分水岭的低山岭。泉头庄四周为连绵的山岭,村址坐落在南北长约 3 km、东西宽约 500 m 的狭长小盆地里,地势北高南低。根据以分水岭为河源起点的原则,闵泉头庄村村北的云秀山南麓,即为潍河北源、正源。南源,今称石河,古称析泉水,发源于东莞镇大汶庄西北的屋山东麓,曲折东南流至莒县库山村西南与北源汇合。

潍河正源自沂水县闵泉头村北曲折东南流,至库山与南源汇合,流长约 29 km,南源流长约 25 km,据河源为远的原则,北源是潍河的正源。上游流经沂水、莒县、五莲,从五莲北部进入潍坊市,流经诸城、高密、峡山、坊子、寒亭、昌邑 6 个县(市、区),于昌邑市北部下营镇北入莱州湾。干流全长 222 km,一级支流 15 条,流域面积 6 502 km²,是潍坊市的母亲河,其上峡山水库为山东省第一大水库。墙夼水库以上河段为上游,墙夼水库—峡山水库河段为中游,峡山水库以下河段为下游。流域内各种地貌类型比例分别为:山区占 23.9%,丘陵区占 29.1%,平原区占 25.4%,涝洼地占 21.6%。

潍河干流砂资源研究河段自峡山水库上游兴利水位(37.40 m)处的胶王路南古县拦河闸(0-867)—沂胶路(12+405)与峡山水库水电站放水洞(0+000)—入海口(79+859),河段全长 93.1 km。

3.1　河段地质条件

3.1.1　地形地貌

3.1.1.1　地形

研究河段地形自南向北由高变低,位于平原区,地形平坦,微向海倾斜,区内最高点为峡山,高程 171 m;最低点为潍河入海口附近,高程 1.3 m。古县拦河闸—G206 国道北侧地面坡降 1‰~5‰,高程低于 40~50 m;G206 国道北侧—柳疃橡胶坝附近高程小于 10 m;柳疃橡胶坝附近—入海口,高程小于 5 m,地面坡降一般小于 1‰。

3.1.1.2　地貌

古县拦河闸—G206 国道北侧属山前冲洪积平原,平原上分布的次级地貌有沙丘、古河道、洼地等;G206 国道北侧—柳疃橡胶坝附近属冲积—海积平原,分布的次级地貌有古沼泽洼地、古泻湖洼地、古河道洼地等;柳疃橡胶坝—入海口属海积平原。河势稳定,总体流向南北走向。在夏店附近受断裂控制,流向北西,至柳疃南折向北,直至入海。

3.1.2　地层岩性

沿河两侧广泛发育第四系地层,分布于现代河床、河漫滩及山前冲洪积平原,全新统有沂河组(Qhy)、旭口组(Qhx)、寒亭组(Qhht)、潍北组(Qhw)、临沂组(Qhl)、黑土湖组(Qhh)与晚更新统大站组(Qpd)。基岩主要有古近系始新统朱壁店组(E$_1z$);白垩系下统青山群后夼组(K$_1h$),莱阳群曲格庄组(K$_1q$)、杜村组(K$_1d$);古元古界粉子山群小宋组(Pt$_1x$)、荆山群陡崖组(Pt$_1d$)、野头组(Pt$_1y$)以及中生界侏罗纪与新元古界侵入岩,地层岩性及分布详见表 3-1。

表 3-1　潍河两岸地层岩性及分布

年代地层			岩石地层			岩性描述	分布范围
界	系	统	群	组	代号		
新生界	第四系	全新统	—	沂河组	Qhl	现代河流砂、砾堆积物	现代潍河河床、河漫滩
			—	旭口组	Qhx	海相粉细砂夹淤泥	入海口附近
			—	寒亭组	Qhht	风成粉砂、粉细砂	左岸:夏店西附近 右岸:潍莱高速附近、G206 国道附近
			—	潍北组	Qhw	海陆交互相粉砂、粉砂质黏土	夏店附近—下营北
			—	临沂组	Qhl	冲积相含砾粉砂质黏土及细砂	现代潍河两岸
			—	黑土湖组	Qhh	湖沼相灰黑色粉砂质黏土	右岸:济青高速—石埠镇附近
		晚更新统	—	大站组	Qpd	冲洪积土黄色粉砂质黏土	右岸:济青高速—G309 国道附近
	古近系	始新统	—	朱壁店组	E$_1z$	砖红色砾岩、砂岩粉砂岩互层	左岸:朱里镇附近、G206 国道附近

续表 3-1

年代地层			岩石地层			岩性描述	分布范围
界	系	统阶	群	组	代号		
中生界	侏罗系	—	—	—	$J\eta\gamma g$	弱片麻状中细粒含石榴二长花岗岩	右岸:G309 国道附近
	白垩系	下统	青山群	后夼组	K_1h	流纹质凝灰岩、流纹质熔结凝灰岩	右岸:峡山附近、胶济铁路附近
			莱阳群	曲格庄组	K_1q	灰紫色细砂岩、粉砂岩夹砾岩	右岸:注沟西
				杜村组	K_1d	灰紫色砾岩夹含砾粗砂岩	右岸:峡山水库武兰副坝附近
新元古界	—	—	—	—	$Z\eta\gamma j$	中粗粒二长花岗岩	右岸:济青高速附近
古元古界	—	—	粉子山群	小宋组	Pt_1x	长石石英岩、黑云变粒岩	右岸:济青高速两侧
			荆山群	陡崖组	Pt_1d	黑云斜长片麻岩、透辉岩及大理岩	左岸:峡山水库西侧
				野头组	Pt_1y	黑云斜长片麻岩、黑云变粒岩	左岸:峡山水库西侧　右岸:胶济铁路两侧、峡山水库南辛庄与北辛庄

3.1.3　河道演变

3.1.3.1　历史时期演变

潍河,古称潍水。《水经》云:"潍水出琅邪箕县潍山",水以山名。清乾隆《莱州府志》载:"淮河即潍水"。《汉书》"潍"字作"淮"。历史资料东汉许慎《说文》云:"潍水出琅邪箕屋山"。

其后的史料遂有了关于潍河发源、流经的记载了。《地理志》《说文》皆谓"潍水出箕屋山";而《淮南子》说"潍山曰箕屋山、覆舟山,盖一山三名也";《水经》谓"潍水导源潍山";《太平寰宇记》云:"潍水源出(莒)具东北潍山,去县八十三里,东北流入诸城县境",沿袭了《水经》说。元代的《齐乘》载:"箕县潍山,今清风山,在莒州北百里"。清乾隆《山东通志》载:"潍水自莒州西北箕屋山发源,东北流经古箕城又东北。"《淮南子》释潍山曰箕屋山、覆舟山,覆舟山一说仅见于此。至今,潍河所流经的各县县志记载潍河的发源地,也都指称莒县北部的潍山、箕山或箕屋山。

潍河在漫长的地质历史上形成了大量的古河道。古河道是废弃河道的形态地质体，分为地面古河道(埋深一般0~8 m)与埋藏古河道(埋深一般大于8 m)。

1. 浅埋古河道

潍河自青山和土门山之间的谷地向北流出后进入山前平原地带，形成了面积较大的冲洪积扇，潍河冲洪积扇以朱里和宋庄之间的东阡渠村为顶点，西侧边界为东阡渠—朱里—孟家洼—大埠—马渠一线，东侧边界为东阡渠—宋庄—仓街—东冢一线，前缘边界为马渠—青阜—火道—东冢一线。潍河浅埋古河道带呈掌状以扇体为核向偏北方向放射状分布，可分为5支(见图3-1)：①Ⅰ支自扇顶向东北，经围子、仓街至金山；②Ⅱ支自扇顶向西北，经昌邑、马渠、龙池、瓦城至东利渔；③Ⅲ支自石湾店向北，经柳疃、青埠至灶户；④Ⅳ支自石湾店向北经夏店、东冢、火道至下营；⑤Ⅴ支自石湾店向东北经卜庄至新河。

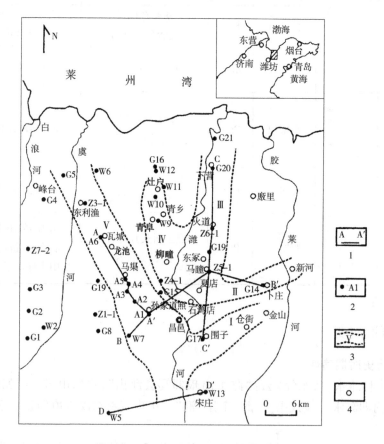

1—地层剖面线；2—主要钻孔；3—浅埋古河道带；4—村庄

图3-1　潍河浅埋古河道带

Ⅰ、Ⅱ支都是从扇体顶部向外发散，而Ⅲ、Ⅳ、Ⅴ支都是从石湾店附近向外发散，昌邑、围子和石湾店成为古河道带间地带，这与昌邑东郊由第三系基岩组成的文山阻隔有关。潍河浅埋古河道带在近扇体前缘向偏北方向呈带状分布，而在扇体上多呈片状分布，如在夏店、东冢、柳疃一带，Ⅲ、Ⅳ、Ⅴ支连为一体，宽达10.5 km。

2.地面古河道

据《昌邑县志》记载,1751~1907 年的 156 年中,严重决口 11 次。由于潍河的游荡和多次决口改道,在下游地区留下了众多的地面古河道,由老到新依次如下:

(1)南庄头—龙池古河道,即第②条古河道,古称晋水。晋,东周时纪国城邑,所处因有晋水,故名。《左传》载:庄公元年(693a B. C.),"齐师迁纪、井、晋、郚",晋即今日的瓦城。《尚书·禹贡》载:夷既略,潍淄既道。潍、淄是当时莱州湾南岸的两条大河,说明春秋时期晋水已作为潍河故道失去了作为大河的地位,当时的潍河已不是指晋水。因此,可以推断,晋水是春秋以前的潍河故道。

(2)夏店—吕家庄古河道,即第④条古河道。位于该古河道附近的沟埃村出土隋代文物,火道村出土唐代文物。《水经注》载:潍水又北,左会汶水,北迳平城亭西,又东北迳密乡亭西郡,水又北迳下密县故城西(下密,昌邑东南古城里,春秋时城邑),又东北过都昌县东……,又东北入海。此时潍水应为今日第④条古河道,因此定其为北魏、隋、唐时期的古河道。

(3)邓村—徐林庄古河道,即第①条古河道,也即今日的夹沟河,昌邑东围子镇葛达子村有一元代墓碑,上书"西距潍河 15 里"(1 里 = 500 m,全书同)。据此,元朝时潍河在昌邑西 10 余里,即现今的夹沟河。

(4)夏店—新河古河道,即第⑥条古河道。该河道过去叫媒河,《昌邑县志》载其为交会潍胶二河之水,故名媒河,为明初以前潍河泛滥冲刷而成。据《昌邑地名志》,媒河岸边西河沟村、大河北村、大河南村均为明初立村。

(5)石湾店—灶户古河道和小章—密城古河道,即第③、⑧条古河道。明隆庆年间,潍河多处决口,较大的有两处:一处在石湾店,后又改为柳疃;另一处在小章西荒南,水流向西冯家庄,冲开了汉代彭越墓。可确定第③、⑧条古河道为明朝潍河决口形成的古河道。

(6)据《昌邑县城》载,清顺治年间,潍河在宫老隅庄(葛达子)决口形成较大河道,即第⑤条古河道。清雍正八年,潍河东决,把张庄冲毁,后重建成西张庄、东张庄、梁张庄,此时形成第⑨条古河道。清嘉庆年间,潍河在金家口决口,水流形成第⑦条古河道。清光绪三十年间,潍河东岸田家湾决口,洪水东越胶莱河,到达三合山,形成第⑩条古河道。

1946 年,昌邑县境内一段两岸决口达 29 处。田家湾决口后,洪水咆哮东下,越过胶莱河,直抵三合山,百万亩粮田遭水淹,冲塌房屋不计其数,严重危害人民生命财产。为防治水害,1951 年 4 月,人民政府组织群众对潍河进行了导治,工程内容为:按 1950 年的洪水位培筑堤防,两岸筑堤共长 128 km,经多次整治,至 20 世纪 50 年代末,河道下游的安全行洪能力得以较大提高,彻底改变了"十年九泛"的多灾局面。

3.1.3.2　近期演变

1951 年潍河干流工程经国务院批准,潍河两岸筑堤 100 km,裁弯 3 164 m,疏浚河道 1 840 m,完成土方 543. 54 万 m³;1951 年 11 月,昌邑市进行了扶宁、下营两处裁弯工程,共完成培修堤防 124 km(两岸),河道裁弯取直 4 处,长 9. 82 km,险工护砌 5 处,长 0. 73 km,修筑护村圩埝 7. 11 km;1972~1973 年辛安庄、穆村护坡 0. 95 km,1976 年辉村护坡 0. 5 km。

2006 年昌邑市吴家漫左岸险工和西下营右岸险工进行了 2.4 km 护砌,2007 年又对张董—夏家庄左岸险工段 4.95 km、2008 年对辉村闸上右岸险工段 0.15 km、小营口左岸险工 0.748 km、2009 年岞山村西右岸险工 0.7 km、西小章右岸险工 0.8 km、2010 年对九远埠右岸险工 0.27 km、田家湾右岸险工 1.1 km 进行了护砌治理,2006～2010 年寒亭区东庄子村—东于渠左岸段进行了 9.3 km 综合治理。

2009～2012 年,昌邑市为了提高河道防洪能力,对潍河城区河段进行了清淤疏浚防渗、河堤护岸砌筑及堤坡绿化防护、堤顶路面硬化、河堤护岸观光道路铺设等工程,进一步提高了潍河下游的防洪能力,改善了潍河两岸自然景观。

潍河近期演变以人工干预为主,自然变化以河槽淤积为主。

由于该河上游属山区河道,中游属丘陵河道,下游属平原涝洼河道,河道水流由陡坡流向平缓河道,水流弯曲过度。加之上游洪水泥沙含量大,中下游大量修建水库及拦河闸坝,降低了河道流速,超过了它的输沙能力,河床形态与流域来水、来沙和河床边界条件不相适应,河道以长期缓慢淤积为主。

3.1.3.3　演变趋势分析

从历史演变情况分析,潍河属"堆积性"山区、丘陵和平原相间河流,未来的演变趋势仍取决于人为因素,自然变化主要表现为河道淤积。

在未来的规划治理中,淤积仍是重点关注的问题。1999 年 12 月,山东省水利厅编制完成了《山东半岛防洪报告》,提出了潍河河道及河口治理规划方案:根据《防洪标准》(GB 50201—94)及《堤防工程设计规范》(GB 50286—98),确定对潍河干流峡山水库—入海口段的河道及堤防,近期按照 30 年一遇标准治理,对现有河道及堤防不做变动,对河床宽度小于 200 m 的河段以及淤积严重的河段,进行扩挖和疏浚,同时对现有堤防加高、培厚;远期按照 50 年一遇标准治理,对堤防加高、培厚。2005 年完成近期目标,2020 年完成远期目标及主要支流的治理工作。从规划内容看,河段未来不会有大的平面变动。

另外,根据顺直(微弯)型河道的变形和演变特点,流量小,水位低,含沙量小,水流仅沿微弯的中部深槽流动,对河道影响不大;在中等造床流量时,水位较低,含沙量较小,边滩附近的河床存在时而成为深槽、时而成为边滩的可能性;大洪水期间,流量大,水位高,含沙量大,两侧边滩均被淹没,水流由堤防控导,较为顺直,河槽内深坑被填平,而高岗被冲平,洪水过后,河槽较平整,边滩变化较小。因此,河道未来演变主要表现为人工开挖加固堤防以及主河槽因中等洪水造床作用,河道深泓在大堤内小幅度摆动。

3.1.4　河谷结构及特征

通过查阅研究河段 1:5 万地形图、1:5 万地质图、1:20 万地质图、1:25 万地质图及沿河实地查勘,研究河段河谷结构及特征详见表 3-2。

表 3-2　潍河河谷结构及特征

序号	起止桩号	河谷类型	河谷结构及岸坡特征
1	0-867 ~ 12+405	成形谷	1. 河流呈南西—北东流向,除沂胶路桥附近有堤防外,其余河段无堤防,基本未受采砂影响,仅在沂胶路附近右河漫滩零星分布几个小型砂场; 2. 河谷规则,基本对称,河床窄而浅,沂胶路附近基岩出露; 3. 水面宽 120~300 m,河床与水面等宽; 4. 0-867~9+500 河漫滩不发育,9+500~12+405 河漫滩发育,左河漫滩宽 30~140 m,右河漫滩受凹岸的影响,宽达 150~800 m; 5. 岸坡为岩质、砂质、土质,植被发育,坡体基本未破坏,基本未裸露
2	12+405 ~ 0+000	成形谷	峡山水库库区
3	0+000 ~ 8+817	成形谷	1. 河流基本呈南—北流向,岞山橡胶坝附近与下小路桥附近河段受采砂影响严重,近几年未受采砂影响,其他河段基本未受采砂影响; 2. 河谷基本对称,左堤较完整,右堤完整,堤顶硬化,现已修建为城区道路,河床较规则,受采砂影响,深浅不一,河漫滩不规则; 3. 溢洪道以下河段水面宽 200~300 m,以上河段宽 70~200 m,河床基本与水面等宽; 4. 溢洪道以上河段受峡山的影响,左河漫滩不发育,仅局部宽达 60 m,除溢洪道上游附近河段无分布外,其他河段宽达 50~160 m; 5. 岸坡为砂质,未采砂处坡体较好、基本未裸露,采砂处坡体基本采没,堤防临水侧无岸坡分布

续表 3-2

序号	起止桩号	河谷类型	河谷结构及岸坡特征
4	8+817 ~ 17+186	采砂前属成形谷,现为采砂严重影响河谷	1. 河流基本呈南—北流向,受支流汶河入汇的影响,河流走向呈 S 形; 2. 河谷受采砂影响严重,甚至极严重,2005 年后基本未受影响,受采砂影响,河床宽浅不一,河漫滩已不连续; 3. 左堤除夹河套村北受支流汶河入汇的影响无堤防外,其余河段堤防较完整,右堤完整,堤顶硬化,现已修建为城区道路,河谷基本对称; 4. 水面宽 130~280 m,河床与水面等宽,受采砂影响,河床已拓宽; 5. 两岸滩地受采砂影响,部分已成为河床,潍胶路处最宽达 400 余 m,夹河套村北受支流汶河入汇的影响,宽达 200 余 m,大部分宽度小于 60 m,部分甚至小于 30 m; 6. 岸坡为砂质,受采砂影响,大部裸露,近几年基本未受影响,植被较发育
5	17+186 ~ 24+598	采砂前属成形谷,现为采砂严重影响河谷	1. 辉村橡胶坝—山阳漫水桥段流向南东—北西,漫水桥—高速路北橡胶坝段折向北东; 2. 河谷受采砂影响严重,甚至极严重,2005 年后基本未受影响,受采砂影响,河床宽浅不一,河漫滩已不连续; 3. 河谷基本对称,堤防不连续,较完整,仅局部河段呈简单土堤状,受采砂影响,河漫滩已不连续; 4. 水面宽 250~600 m,河床与水面等宽,受采砂影响,河床已拓宽; 5. 两岸滩地受采砂影响,部分已拓宽为河床,左滩地宽达 100~600 m,受采砂影响,水边线呈锯齿状,右滩地宽度 100~200 m,局部甚至已采没,堤防临河床/水面,达不到相应堤防护堤地宽度的要求; 6. 岸坡为砂质,受采砂影响,大部裸露,近几年基本未受影响,植被较发育

续表 3-2

序号	起止桩号	河谷类型	河谷结构及岸坡特征
6	24+598 ~ 30+783	采砂前属成形谷,现为采砂较严重影响河谷	1. 总体呈南西—北东流向,G309 国道附近基本呈南—北流向; 2. 河谷受采砂影响严重,甚至极严重,2005 年后基本未受影响,受采砂影响,河床宽浅不一,河漫滩已不连续; 3. 河谷基本对称,堤防连续,较完整,仅局部河段呈简易土堤状,受采砂影响; 4. 水面宽 350~900 m,河床与水面等宽,受采砂影响,河床已拓宽; 5. 两岸滩地受采砂影响,部分已拓宽为河床,左滩地宽达 300~600 m,最宽处达 1 000 余 m,最窄处小于 100 m,右滩地宽 500~1 000 m,最窄处小于 200 m; 6. 岸坡为砂质,受采砂影响,大部裸露,近几年基本未受影响,植被较发育
7	30+783 ~ 40+262	采砂前属成形谷,现为采砂较严重影响河谷	1. 河流总体基本呈南—北流西,河流走向呈 S 形; 2. 河谷受采砂影响严重,甚至极严重,2005 年后基本未受影响,受采砂影响,河床宽浅不一; 3. 河谷基本对称,堤防连续,较完整,仅局部河段呈简易土堤状,受采砂影响; 4. 水面宽 230~500 m,河床与水面等宽,受采砂影响,河床已拓宽; 5. 两岸滩地受采砂影响,部分已拓宽为河床,左滩地宽达 200~1 000 m,受采砂影响,水边线局部呈锯齿状,右滩地宽度 500~1 000 m,水边线受采砂影响较小; 6. 岸坡为砂质,受采砂影响,大部裸露,近几年基本未受影响,植被较发育
8	40+262 ~ 48+210	成形谷	潍河水利风景区

续表 3-2

序号	起止桩号	河谷类型	河谷结构及岸坡特征
9	48+210 ~ 56+872	成形谷	1. 河流呈 S 形,总体呈南东—北西流向,河谷未受采砂影响; 2. 河谷对称,河床宽而浅,河漫滩发育、极发育,堤防较完整,质量较好; 3. 水面宽达 200~600 m,河床与水面等宽; 4. 河漫滩发育,宽度不一,左侧宽 100~600 m,右侧宽 100~500 m,岔河村附近,两岸宽达 1.5~2.5 km,局部河段凹岸受河流冲刷的影响,宽度小于 30 m; 5. 岸坡主要为砂壤土质,植被发育,局部河段岸坡主要为堤防,影响堤防安全与岸坡安全
10	56+872 ~ 62+464	成形谷	1. 河流总体呈南西—北东流向,河谷未受采砂影响; 2. 河谷对称,河床宽而浅,河漫滩发育、极发育,堤防较完整,质量较好; 3. 水面宽达 100~300 m,河床与水面等宽; 4. 河漫滩发育,宽度不一,左侧宽 500~1 500 m,右侧宽达 500~2 000 m,受中华人民共和国成立后浸数次洪水的影响,堤防临村而建,平面呈弧形; 5. 岸坡主要为砂壤土质,自然缓坡,植被发育
11	62+464 ~ 68+144	成形谷	1. 河流总体呈南西—北东流向,河谷未受采砂影响; 2. 河谷对称,河床宽而浅,河漫滩发育、极发育,堤防较完整,质量较好; 3. 水面宽 100~150 m,小于河床宽度; 4. 河漫滩发育,宽度不一,受中华人民共和国成立后浸数次洪水的影响,堤防临村而建,平面呈弧形,左侧最宽达 1 500 m,最窄处临村,宽度小于 50 m,右侧最宽达 2 000 余 m,最窄处大于 500 m; 5. 岸坡主要为砂壤土质,自然缓坡,植被发育

续表 3-2

序号	起止桩号	河谷类型	河谷结构及岸坡特征
12	68+144 ~ 72+300	成形谷	1. 此段为感潮河段,河势平稳,河道顺直; 2. 河流基本呈南—北流向,河谷未受采砂影响; 3. 河谷对称,河床宽而浅,河漫滩发育、极发育,堤防较完整,质量较好; 4. 水面宽达 180~430 m,小于河床宽度; 5. 河漫滩发育,左侧宽 500~1 500 m,右侧宽度不一,下营港以南段宽达 1 500 m,下营港附近,宽度小于 200 m,港口处宽度为 0; 6. 岸坡主要为砂壤土质,自然缓坡,植被不发育
13	72+300 ~ 79+859	成形谷	1. 此段为感潮河段,南半段河势平稳,河道顺直,北半段如游荡性河道,迂回曲折; 2. 河流总体呈南西—北东流向,河谷未受采砂影响; 3. 河谷对称,河床宽而浅,河漫滩发育、极发育,堤防较完整,质量较好; 4. 水面宽达 200~500 m,小于河床宽度; 5. 此段两岸堤防大部分已加固,未加固段质量亦较好,河漫滩极发育,左侧宽 1~3 km,右侧宽 0.5~2 km,其上植被发育; 6. 岸坡主要为砂壤土质,自然缓坡,植被不发育

注:桩号为河床桩号,下同。

3.2　沉积物来源

潍河支流众多,主要集中于上中游,一级支流 15 条,其中流域面积为 1 000 km² 以上的 2 条,流域面积为 300~1 000 km² 的 4 条,流域面积为 100~300 km² 的 4 条,流域面积 100 km² 以下的 5 条。流域面积 100 km² 以上的一级支流自上而下分别为洪凝河、太古庄河、涓河、扶淇河、芦河、百尺河、史角河、渠河、洪沟河、汶河等。

(1)洪凝河:发源于日照市五莲县洪凝街道办事处杨家庵村南的大青山西麓,自南向北流,流经五莲县洪凝街道办事处、高泽街道办事处,于高泽街道办事处大仲崮村北汇入潍河,河长 35 km,流域面积 381.4 km²。

(2)太古庄河:发源于诸城市贾悦镇西洛庄村北,自西向东流,流经贾悦镇、舜王街道办事处,于舜王街道办事处金鸡埠村东汇入潍河,河长 26 km,流域面积 194.4 km²。

(3)涓河:源出五莲县松柏镇于家沟村,至诸城市龙都街道办事处指挥村南入市境,流经诸城市皇华、龙都街道办事处,于龙都街道办事处大栗元村北汇入潍河,河长 44 km,流域面积 300.2 km²。诸城市域河长 14.5 km,流域面积 99.6 km²。

(4)扶淇河:源出诸城市林家村镇殷家店村,由扶河、淇河于三里庄水库上游相汇后,称扶淇河,是诸城市域河流,流经皇华、林家村、密州 3 个镇(街道办事处)50 个村庄,于密州街道办事处白玉山子村西北汇入潍河,河长 34 km,流域面积 278.3 km²。

(5)芦河:亦名芦水,诸城市域河流。源出林家村镇马山北麓东北庄村,流经林家村、密州、辛兴、昌城 4 个镇(街道办事处)55 个村庄,于昌城镇小庄家河岔村西汇入潍河,河长 43 km,流域面积 172.5 km²,建有石门中型水库 1 座。

(6)百尺河:古称密水,又名百尺沟,诸城市域河流,源出林家村镇鲁山沟村,总向西北流,经林家村、辛兴、百尺河、昌城 4 个镇 60 个村庄,于昌城镇王家巴山村西汇入潍河,河长 49 km,流域面积 353.1 km²,建有郭家村与共青团中型水库 2 座。

(7)史角河:发源于安丘市金冢子镇水右官庄村,流经安丘市金冢子镇、石堆镇、新安街道办事处与坊子区王家庄街道办事处,于王家庄街道办事处北凌家院村东汇入潍河,河长 28 km,流域面积 137.0 km²。

(8)渠河:发源于临朐县沂山镇大官庄村西,流经临朐、安丘、诸城、坊子,于坊子区太保庄街道办事处凉台村北汇入峡山水库,河长 103 km,流域面积 1 060.6 km²,自 20 世纪 50 年代以来,先后建成了下株梧、吴家楼、于家河和共青团中型水库 4 座。

(9)洪沟河:发源于安丘市兴安街道办事处肖家庄子村南,流经安丘市的兴安、官庄、金冢子、景芝 4 镇(街道办事处)与坊子区的王家庄街道办事处,于王家庄街道办事处大孙孟村东北入峡山水库,河长 50 km,流域面积 356.6 km²。

(10)汶河:发源于临朐县沂山东麓,流经临朐、昌乐、安丘、坊子,于坊子区坊城街道办事处夹河套村北汇入潍河,河长 110 km,流域面积 1 687.3 km²,自 20 世纪 50 年代以来,先后建成了高崖、牟山大型水库 2 座,沂山、大关中型水库 2 座。

潍河流域内沉积物来源主要受新构造运动与岩性的影响。流域内的山脉地势决定了潍河水系的展布及流向,多受不同方位的线性构造控制,诸城县城以上河段自然弯曲少,多为构造扭曲或追踪不同方向的断裂而弯转。峡山水库—夏店段受两岸山体与沂沭断裂带控制。上游河段河谷呈 V 形,河床强烈下切,河床狭窄,阶地发育,基岩出露,水流湍急;墙夼水库—辉村橡胶坝段流经丘陵区与平原区,河床逐渐开阔,阶地发育,基岩被第四系覆盖,接受上游及支流带来的切割碎屑物的沉积;辉村橡胶坝—入海口段河床开阔,属凹陷区,边滩、心滩发育,广泛接受上游、中游及支流带来的碎屑物的沉积,夏店—柳疃段河谷宽达数千米,河漫滩宽达 1~1.5 km,入海口处河宽达 2~2.5 km。

新近纪的地貌特征为侵蚀堆积型,新近纪的中新世以后表现为整体的阶段性缓慢隆起。第四系以来主要继承中新世以后的地形、地貌特征,显现为剥蚀堆积型地貌,晚更新世至全新世地壳趋于稳定,发育了河流阶地及河床、河漫滩的较厚堆积。潍河干流总体以北东向为主。新构造运动,尤其晚更新世以来,河谷主要沉积了大站组、黑土湖组、沂河组、临沂组、潍北组与旭口组。前一组为晚更新统,主要分布于潍河干流及支流阶地,其余为全新统,主要分布于现代河床与高、低漫滩,构成现代河道的主要堆积物。

3.2.1　泥沙来源

泥沙是随河水运动、组成河床的松散固体颗粒。潍河河流泥沙主要来源于两个方面:一是流域地表的侵蚀;二是上游河床的冲刷。河流泥沙是流域地表侵蚀的产物。

流域地表的侵蚀程度,与气候、土壤、植被、地形地貌及人类活动等因素有关。降水形成的地面径流侵蚀流域地表,造成水土流失,挟带大量泥沙直下江河。特别是墙夼水库上游及支流的山区河段,遇到暴雨、大暴雨容易引发山洪、滑坡、泥石流等地质灾害,都可能导致大量泥沙在短时间内急聚河道,严重时,巨大的堰塞体堵江断流形成堰塞湖。河道水流在奔向下游的过程中,沿程会冲刷当地河床、河岸及向源侵蚀。从上游河床冲刷下来的这部分泥沙,随同流域地表侵蚀而来的泥沙一道,构成河流输移泥沙的总体。

天然河流中运动的泥沙分推移质和悬移质两大类。推移质又称底沙,是指沿河床附近滚动、滑动或跳跃运动的泥沙。推移质泥沙的运动特征是:在水流的推动下,走走停停,时快时慢,运动速度远慢于水流;颗粒越大,停的时间越长,走的时间越短,运动的速度越慢。推移质的运动状态完全取决于当地的水流条件。悬移质简称悬沙,是随水流浮游前进的泥沙。这种泥沙的运动有赖于水流中的紊动涡漩所挟持,在整个水体空间里自由运动,时升时降,其运动状态具有随机性质,运动速度与水流流速基本相同。

天然河流中运动的两类泥沙,从输移总量来说,悬移质占江河输沙的绝大部分,推移质只占总输沙量中的极小部分。墙夼水库以上及支流的山区河段更是如此。在河流"蚀山造原"的历史进程中,悬移质在数量上起着极为重要的作用。

3.2.2　砂砾来源

根据流经的岩性及砂砾来源,潍河干流自源头至入海口处可分为 4 段(见表 3-3)。段 1 流经山区,岩性绝大部分为非砂砾石母岩,非砂砾石为主要来源。段 2 流经山丘区,岩性主要为片麻岩类、砂岩类、砾岩等,此类岩石,尤其是片麻岩为砂砾石的重要母岩。段 3 流经丘陵区平原区,岩性主要为花岗片麻岩类、片麻岩类、砂岩类,此类岩石同样是砂砾石的重要来源。段 4 流经平原区,岩性主要为第四系松散堆积物,亦非砂砾石来源。

表 3-3　潍河流经岩性分段

序号	段别	流经主要岩性
1	源头(沂水县官庄乡泉头庄北)—库山	灰岩类、细砂岩、粉砂岩、角砾岩
2	库山—墙夼水库	二长片麻岩、闪长片麻岩、长石砂岩、砾岩、砂岩、砂砾岩、火山碎屑岩、细砂岩、粉砂岩
3	墙夼水库—辉村橡胶坝	支流渠河、汶河流经岩性分别见第4章、第5章,花岗片麻岩类、火山碎屑岩类、斜长角闪岩、斜长片麻岩、砂岩类、临沂组
4	辉村橡胶坝—入海口	临沂组、潍北组

中华人民共和国成立后在潍河干支流上修建了十几座大中型水库,从源头上控制洪水及其泥沙的下泄。水库蓄水后,大坝下游来水来沙条件发生改变,首先是来水条件的变化,主要表现在:洪水削峰,表现在洪水峰量被削减,特征频率流量幅度大幅降低,年内同流量级的洪水次数减少;枯水流量加大;中水流量时间大为延长;下游沿途各点水位变幅减小;年内流量变幅减小。其次,水库截水的同时也截住了上游来沙,与建库前相比,坝下游来沙条件相应发生了显著变化:含沙量锐减;同样位置挟沙能力减小;来沙过程趋于平均,来水含沙量减少;悬移质泥沙产生粗化,沿程变化呈细化趋势;下游泥沙组成发生变化。

潍河是山东半岛地区仅次于小清河的一条较大河流,因上游修建了众多水库及拦河闸坝,大大降低了来水来沙量,并极大地影响了含沙量,仅在水库溢洪时才可产生床沙沉积。非溢洪时段,基本无砂砾来源。

河流砂砾来源的母岩主要有侵入岩与沉积岩两大类。

3.2.2.1　侵入岩

岩性与特征及分布分别如下:

1. 斜长角闪岩

斜长角闪岩主要分布于芦河上游,原岩为中细粒辉长岩,现已变质为斜长角闪岩。岩石呈灰绿色,柱粒状变晶结构,块状构造、条带状构造、定向构造。局部可见变余辉长结构及变余斑状结构。主要矿物粒径多小于或等于 1 mm,个别为 2~4 mm。主要矿物成分:普通角闪石 38.8%~68.3%,斜长石 24.9%~50%,石英、黑云母、榍石、磷灰石少量,部分岩石见单斜辉石。

2. 中细粒角闪闪长质片麻岩

中细粒角闪闪长质片麻岩主要分布于洪凝河、涓河、淇河、扶河上游,主体岩性为中细粒角闪闪长质片麻岩。岩石风化色为土黄褐—深灰色,新鲜色为绿灰—灰黑色,常发育球状风化。岩石呈柱粒状变晶结构、片麻状构造,变晶矿物粒径 0.3~1 mm,局部显示变余半自形粒状结构,指示原岩矿物粒径 1~4 mm。主要矿物组成:斜长石 59.54%、角闪石

40.45%,部分侵入体中含较少黑云母、透辉石。岩石中斜长石呈板柱状晶体,部分可见清晰细而密的双晶纹。

3. 中细粒黑云二长花岗质片麻岩

中细粒黑云二长花岗质片麻岩主要分布在扶河、百尺河上游,原岩为片麻状中细粒黑云二长花岗岩,现被改造为片麻岩类岩石。岩石片麻状、似层状构造发育,色率较低,风化者呈土黄色,新鲜者深灰色,矿物集合体粒径 1~3 mm。主要矿物:斜长石、石英、钾长石、云母,少量绿帘石、石榴石、磷灰石、榍石等。

4. 细粒含黑云二长花岗质片麻岩

细粒含黑云二长花岗质片麻岩主要分布于涓河上游,原岩为细粒含黑云二长花岗岩,现被改造为片麻岩。岩石风化面土黄色,新鲜面灰白色。鳞片粒状变晶结构,强片麻状构造或变余糜棱结构。主要矿物组成:斜长石、钾长石、石英,少量黑云母、绿帘石、微量白云母、石榴石。矿物粒径 0.1~1 mm。

5. 细粒二长花岗质片麻岩

细粒二长花岗质片麻岩主要分布在芦河、扶河上游,原岩为二长花岗岩,现被改造为浅色片麻岩。岩石以粒度细、色率低、石英呈残斑状为特征。岩石呈弯曲镶嵌粒状变晶结构,定向一条痕状构造,矿物粒径 0.1~0.6 mm。主要组成矿物:斜长石、钾长石、石英、少量绿帘石、微量黑云母、白云母、磁铁矿、石榴石、榍石。

6. 含黑云二长花岗质片麻岩

含黑云二长花岗质片麻岩主要分布在芦河、涓河上游,原岩为细粒含黑云二长花岗岩,现被改造为花岗质片麻岩或糜棱岩。岩石强烈风化,有时可见球状风化外貌,风化色为土黄色。变形较弱岩石呈他形粒状变晶结构,片麻状构造。变晶矿物粒径 0.5~1 mm。主要矿物组成:斜长石、钾长石、石英,少量黑云母、白云母、石榴石,微量锆石、榍石、绿帘石。

7. 中细粒含透辉角闪黑云二长质片麻岩

中细粒含透辉角闪黑云二长质片麻岩主要分布在中至河上游,原岩为片麻状中细粒含透辉角闪黑云二长岩,现被改造为片麻岩。岩石新鲜面呈灰黑色,片麻状构造,中粒柱粒状变晶结构。主要矿物组成:斜长石、钾长石、黑云母,少量透辉石。主要矿物粒径 1~5 mm。钾长石为半自形晶,发育细而密的条纹,为条纹长石,包嵌斜长石小晶体。斜长石:半自形板粒状,聚片双晶发育,弱绢云母化,与钾长石接触边界一侧可见蠕英结构及净边结构。

8. 中粒含角闪二长质片麻岩

中粒含角闪二长质片麻岩主要分布在中至河上游,原岩为中粒含角闪二长岩,已被改造为片麻岩。新鲜岩石呈灰红色,风化后呈褐黄色,抗风化力较弱。粒状变晶结构,变余半自形粒状结构,可见长石集合体构成的粒径 4 mm 左右的半自形柱状轮廓,片麻状构造。主要矿物组成:斜长石、钾长石,少量角闪石、黑云母、石英,微量磁铁矿、锆石、榍石等。角闪石含量不稳定:石灰窑侵入体普通薄片中角闪石含量 6%,小双墩坡侵入体中角闪石含量达 16%。

9. 二长花岗质片麻岩

二长花岗质片麻岩主要分布于百尺河、芦河、淇河、洪凝河上游,原岩为斑状二长花岗岩,现被改造为斑纹状糜棱岩、片麻岩。岩石呈灰红色、眼球状或斑纹状构造。糜棱面理、拉伸线理均较发育。石英被拉长呈"纹"状,钾长石则构成"眼"状残斑。呈变余似斑状结构、糜棱结构、初糜棱结构、斑纹状构造。岩石由残斑和基质两部分组成:残斑含量 50% 左右,主要由钾长石构成,粒径 0.5~4 mm,最大达 8 mm;基质由石英、斜长石及黑云母构成,粒度 0.1 mm 左右。石英呈多晶条带分布,斜长石多分解为钠长石绿帘石复晶集合体。

10. 中粗粒含黑云二长花岗质片麻岩

中粗粒含黑云二长花岗质片麻岩主要分布在扶河、涓河上游,原岩为中粗粒含黑云二长花岗岩,现多被改造为糜棱岩或片麻岩。岩石呈淡肉红色,含暗色矿物较多时颜色变暗,钾长石呈肉红色残斑(或微粒多晶集合体),石英呈宽 2~3 mm 的乳白色条痕状集合体,斜长石呈鸭蛋绿色板状复晶集合体,三者构成鲜明的色彩对比,长石集合体(或残斑)粒径 2~6.4 mm。

3.2.2.2　沉积岩

岩性与特征及分布分别如下:

(1)林寺山组:主要分布在淇河、涓河、洪凝河上游。主要岩性由灰黄、紫灰色复成分巨砾岩、角砾岩及部分浅黄绿色岩屑杂砂岩组成。下部砾石呈棱角状、次棱角状,分选差,泥、砂、砾混杂。上部砾石多呈浑圆、圆状,砾石大小不一,成分复杂。砾石成分与其下伏岩系紧密相关。

(2)止凤庄组:主要分布在扶河、芦河上游。主要岩石组合为灰绿、灰黑色中粗粒长石砂岩、中细粒长石砂岩、泥质粉砂岩偶夹泥灰岩,岩性差异较大,厚度不一。

(3)杨家庄组:主要分布在百尺河、芦河上游。主要岩石组合为:灰黄色含砾中粗粒岩屑砂岩、中细粒长石砂岩、薄层粉砂岩偶夹凸镜状灰岩。

(4)龙旺庄组:主要分布在淇河、涓河、洪凝河、中至河附近。主要岩石组合为:紫红色含砾粗粒长石砂岩、中细粒长石砂岩、粉砂岩。呈紫红、紫灰、砖红色,发育板状交错层理、大型双向斜层理、包卷层理、平行层理等。

(5)曲格庄组:中至、洪凝河、淇河、扶河、芦河、百尺河等分布广泛。主要岩石组合为含砾凝灰质砂岩、中细粒砂岩、砂砾岩夹安山质凝灰岩,岩石中普遍含安山质火山角砾岩,上部出现细粉砂岩薄层。

(6)红土崖组:潍河干流段 2 与诸城县城以上河段附近及淇河、扶河、芦河等支流分布广泛。主要岩石组合为灰紫色复成分砾岩、砂砾岩、砖红色细砂岩、粉砂岩夹玄武岩层。砾岩层多不显层理或具有大型板状斜层理,粉细砂岩不显层理。

(7)林家庄组:主要分布在芦河、淇河、涓河,主要岩石组合为灰紫色复成分砾岩夹紫红色细粉砂岩。

(8)田家楼组:主要分布在段 2 流域内。主要岩石组合为紫红色复成分砾岩与紫红色(砖红色)细粉砂岩、钙质细砂岩等构成不等厚的韵律层。其中砾岩层多不稳定,可变为含砾粗砂岩,砾岩中砾石成分主要为火山岩,次为汞丹山凸起的基底岩石及寒武—奥陶系石灰岩。

3.3　砂资源特征

3.3.1　砂资源分布

河道砂资源分布见表 3-4。

3.3.2　砂资源颗粒组成

河道砂层分段颗粒分析试验成果见表 3-5。

3.4　可采区砂资源特征及质量

3.4.1　砂资源分布

依据:《中华人民共和国河道管理条例》《中华人民共和国水文条例》《铁路运输安全保护条例》《公路安全保护条例》《〈电力设施保护条例〉实施细则》《山东省实施〈中华人民共和国河道管理条例〉办法(修正稿)》《山东省电力设施和电能保护条例》《山东省石油天然气管道保护办法》《潍坊市河道采砂管理办法》《潍坊市人民政府办公室关于加强潍河采砂管理保障河道行洪和工程安全的通知》《潍坊市防洪规划报告(渠河部分)》对河道保护范围及水工建筑物、水文测验断面、公路桥梁、铁路桥梁、电力设施、穿河管道及对河道险工险段的保护范围及规定与划定,干流潍河全长 93.1 km(自胶王路南古县拦河闸 0-967 至沂胶路 12+405 与峡山水库水电站放水洞 0+000 至入海口处 79+859)的研究河段,可采区总长度 17.72 km。据《柳疃橡胶坝工程地质勘察报告》(山东农业大学勘察设计院,2006.9)、《莱州—昌邑液体化工输送管道穿越 11 条河流工程地质勘察报告》(潍坊兴文工程勘察研究院,2009.3)、《辛安庄防潮闸工程地质勘察报告》(山东省水利勘测设计院,1989.3)与《下营渔港扩建工程地质勘察报告》(潍坊市宏兴地质工程勘察有限公司,2007.10),56+872~79+859 段位于莱州湾南岸的滨海平原地带,河流沉积物由上游、中游的砂砾石、中粗砂,在此段渐变为细砂、粉砂、粉土等,细砂、粉砂细度指标不符合建筑用砂标准,因此该段无需划分可采区。56+872 以上河段可采区共划分 13 段,其中 0-867 ~12+405 3 段,0+000~56+872 10 段,全长 14.65 km,可采区砂资源分布见表 3-6。

3.4.2　砂资源颗粒组成

河道可采区砂资源分段颗粒分析试验成果见表 3-7。

表 3-4 砂资源分布

序号	起止桩号	左河漫滩		右河漫滩		河床	
		分布范围(m)	地质评价	分布范围(m)	地质评价	分布范围(m)	地质评价
1	0-867 ~ 12+405	1. 层顶高程:37.8~38.6; 2. 层底高程:26.0~33.2; 3. 厚度:9.3~7.9; 4. 宽度:有堤段30~140,无堤段基本无分布	未受采砂影响,厚度极大,5+700始有分布,仅起始位置附近有厚达4m粉质壤土,下伏泥岩	1. 层顶高程:38.2~37.6; 2. 层底高程:34.7~35.0; 3. 厚度:2.4~3.5; 4. 宽度:有堤段150~800,无堤段基本无分布	未受采砂影响,厚度适中,9+500始有分布,下伏泥岩	1. 层顶高程:32.0~30.5; 2. 层底高程:30.2~28.6; 3. 厚度:1.5~2.2; 4. 宽度:300~400	未受采砂影响,7+000始有分布,下伏泥岩
2	12+405 ~ 0+000	峡山水库库区					
3	0+000 ~ 12+716	1. 层顶高程:23.9~21.0; 2. 层底高程:9.6~22.5; 3. 厚度:1.4~12.0; 4. 宽度:小于30	峡山橡胶坝—滩胶路上游采砂影响严重,除起点附近外,其余段均厚10m左右,厚度极大,基本无壤土夹层,下伏泥岩	1. 层顶高程:25.8~21.7; 2. 层底高程:22.3~12.7; 3. 厚度:1.0~9.0; 4. 宽度:50~120	峡山橡胶坝—滩胶路上游采砂除起点附近外,其余段均厚8m左右,宽度极大,厚度不均,个别处达350m左右,夹粉质壤土透镜体,下伏泥岩	基本采没	

续表 3-4

序号	起止桩号	左河漫滩		右河漫滩		河床	
		分布范围(m)	地质评价	分布范围(m)	地质评价	分布范围(m)	地质评价
4	12+716 ~ 16+784	1. 层顶高程:21.5~21.7; 2. 层底高程:17.7~19.7; 3. 厚度:3.8~12.0; 4. 宽度:有堤段,小于40,无堤段,200~250(汶河入汇处)	受采砂影响较严重,厚度不均,相差极大,下伏粉质壤土,最厚达近7 m,其下为泥岩	1. 层顶高程:14.6~20.0; 2. 层底高程:9.1~11.5; 3. 厚度:5.5~5.4; 4. 宽度:基本采没,潍胶路附近宽达400	受采砂影响极严重,仅分布于14+000~16+784,基本采没,大部分宽度小于25 m,其余40 m左右,厚度适中,均厚5 m余;上覆厚达3.4~7.2 m的粉质壤土,其下为泥岩	1. 层顶高程:12.6~9.6; 2. 层底高程:9.3~8.5; 3. 厚度:0.5~3.8; 4. 宽度:300~500	受采砂影响极严重,均厚小于3.5 m,厚度适中,下伏泥岩、花岗岩
5	16+784 ~ 25+304	1. 层顶高程:21.5~16.5; 2. 层底高程:8.5~2.8; 3. 厚度:12.4~13.8; 4. 宽度:100~600	受采砂影响极严重,厚度极大,宽度极大,均厚达13 m,基本无粉质壤土夹层,其下为泥岩	1. 层顶高程:21.2~18.2; 2. 层底高程:7.4~10.5; 3. 厚度:10~12.5; 4. 宽度:50~100	受采砂影响严重,厚度极大,宽度较小,均厚达10余 m,基本无粉质壤土夹层,其下为泥岩	1. 层顶高程:9.6~7.3; 2. 层底高程:8.5~1.3; 3. 厚度:2.5~3.5; 4. 宽度:400~500	

续表 3-4

序号	起止桩号	左河漫滩		右河漫滩		河床	
		分布范围(m)	地质评价	分布范围(m)	地质评价	分布范围(m)	地质评价
6	25+304 ~ 31+450	1.层顶高程:14.2~11.7; 2.层底高程:2.4~2.2; 3.厚度:11.8~14.4; 4.宽度:300~600	受采砂影响极严重,均厚度达13 m,厚度极大,宽度极大,上覆1.1~4.4 m,均厚2 m的粉质壤土薄层,下伏粉质泥岩	1.层顶高程:19.7~11.0; 2.层底高程:9.3~-10.3; 3.厚度:8.0~19.5; 4.宽度:60~1 000	受采砂影响严重,部分采成为河床,均厚度极大,厚度极大,宽度极大,宽度15 m左右,最宽处达60 m,最宽处达1 000 m,表层分布不连续的粉质薄层,下为泥岩、花岗岩	1.层顶高程:5.4~3.8; 2.层底高程:2.6~-8.6; 3.厚度:2.5~4.5; 4.宽度:300~500	受采砂影响极严重,均厚小于3.5 m,厚度适中,下伏泥岩、花岗岩
7	31+450 ~ 36+281	1.层顶高程:14.5~10.6; 2.层底高程:-3.5~-13.4; 3.厚度:17.0~23.9; 4.宽度:160~600	受采砂影响严重,均厚20 m左右,厚度极大,宽度极大,下伏粉质壤土				
8	36+281 ~ 40+262	1.层顶高程:19.1~1.2; 2.层底高程:-10~-4.8; 3.厚度:13.9~6.4; 4.宽度:40~180	未受采砂影响,均厚10 m左右,部分钻孔未揭穿,表层壤土厚达4.1~11.6 m,下伏粉质壤土	1.层顶高程:12.0~11.6; 2.层底高程:-11.5~-16.2; 3.厚度:19.3~21.3; 4.宽度:20~300	未受采砂影响,均厚20 m左右,厚度极大,夹厚4.2~6.5 m的粉质壤土透镜体,下伏花岗岩	1.层顶高程:-4.1~6.1; 2.层底高程:-9.2~-15.8; 3.厚度:8.4~21.0; 4.宽度:240~420	基本未受采砂影响,均厚18 m左右,厚度极大,下伏花岗岩
9	40+262 ~ 48+210	潍河水利风景区					

续表 3-4

序号	起止桩号	左河漫滩 分布范围（m）	左河漫滩 地质评价	右河漫滩 分布范围（m）	右河漫滩 地质评价	河床 分布范围（m）	河床 地质评价
10	48+210 ~ 51+360	1.层顶高程：6.3~7.4；2.层底高程：0~-15.2；3.厚度：6.5~15.7；4.宽度：20~300	基本未受采砂影响，均厚 10 m 左右，厚度极大，最窄处仅 20 m，宽度 2.表层粉质土厚 2.0~6.3 m，下伏粉质壤土	1.层顶高程：3.4~-6.7；2.层底高程：-10.2~-4.1；3.厚度：3.5~7.5；4.宽度：10~30	基本未受采砂影响，厚度适中，均厚 5 m，厚度土厚达 3.5~13.7 m，表层粉质土厚，下伏粉质壤土	1.层顶高程：1.2~0.5；2.层底高程：-14.8~-2.1；3.厚度：16.0~2.1；4.宽度：150~350	未受采砂影响，厚度极大，厚者达 16 m 未揭穿，薄者仅 3.0 m，均宽 300 m，下伏粉质壤土
11	51+360 ~ 52+860	基本无砂资源分布		1.层顶高程：6.6；2.层底高程：15.4；3.厚度：22.0；4.宽度：90~300	未受采砂影响，厚度极大，达 22 m，下伏粉质壤土，绝大部分宽度小于 100 m	1.层顶高程：-0.3~0.6；2.层底高程：-1.3~-2.0；3.厚度：1.0~2.5；4.宽度：250~350	未受采砂影响，层厚 2.0 m 左右，下伏粉质壤土
12	52+860 ~ 55+463	1.层顶高程：5.9~6.6；2.层底高程：1.6~-1.9；3.厚度：4.9~5.4；4.宽度：200~400	未受采砂影响，均厚 5 m 左右，宽度适中，下伏粉质壤土，揭露厚度达 10 m	1.层顶高程：5.4~8.3；2.层底高程：0~-1.3；3.厚度：5.2~6.8；4.宽度：50~80	未受采砂影响，均厚 6 m 左右，宽度适中，下伏粉质壤土，揭露厚度近 10 m		
13	55+463 ~ 56+872	1.层顶高程：3.4~1.8；2.层底高程：-0.8~-1.2；3.厚度：3.0~4.1；4.宽度：70~300	未受采砂影响，表层粉质壤土厚 4.3~3.6 m，均宽 200 m 左右，下伏粉质壤土，揭露厚度达 8.5 m	1.层顶高程：8.3~5.5；2.层底高程：0.9~-2.2；3.厚度：4.6~8.5；4.宽度：200~2 500	未受采砂影响，均厚达 6 m 左右，最宽览达 2 500 m，下伏粉质壤土厚度达 8.5 m	1.层顶高程：0.1；2.层底高程：-1.4；3.厚度：1.5；4.宽度：550~650	未受采砂影响，层厚 1.5 m 左右，下伏粉质壤土

表 3-5 河道砂层分段颗粒分析试验成果

序号	起止桩号	左河漫滩 主要粒组(mm)及含量(%)					右河漫滩 主要粒组(mm)及含量(%)					河床岩性
		5~2	2~0.5	0.5~0.25	0.25~0.075	岩性	5~2	2~0.5	0.5~0.25	0.25~0.075	岩性	
1	0-867~12+405	—	26~58	16~38	11~52	粉砂、细砂、中砂、粗砂混杂，粒径小于 0.075 mm 的细粒含量高达 7%~45%	—	30~44	18~35	35~52	中砂、粉砂，粒径小于 0.075 mm 的细粒含量高达 5%~20%	中砂、细砂、粗砂
2	12+405~0+000										峡山水库库区	
3	0+000~12+716	—	24~59	24~48	11~25	粗砂、中砂，粒径小于 0.075 mm 的细粒含量 3%~6%	—	28~56	20~24	15~33	粗砂、中砂，粒径小于 0.075 mm 的细粒含量 5%~8%	基本采没
4	12+716~16+784	—	38~65	16~34	12~88	粗砂、细砂，粒径小于 0.075 mm 的细粒含量 7%~18%	—	34.3	24~30	17~57	粗砂、粉砂、细砂混杂，粒径小于 0.075 mm 粒含量 5%~42%	粗砂、中砂、细砂
5	16+784~25+304	21~23	14~60	13~40	12~86	粗砂、中砂、细砂，粒径小于 0.075 mm 的细粒含量 5%~12%	18~23	25~60	10~29	8~35	粗砂、中砂，粒径小于 0.075 mm 的细粒含量 5%~25%	粗砂、中砂、细砂
6	25+304~31+450	28~39	20~56	13~25	8~64	粗砂、砾砂、上覆粉质壤土，粒径小于 0.075 mm 的细粒含量 6%~15%						
7	31+450~36+281	—	52~65	16~40	12~48	粗砂、细砂，粒径小于 0.075 mm 的细粒含量 7%~12%	—	26~52	12~36	6~24	粗砂、中砂，粒径小于 0.075 mm 的细粒含量 6%~19%	粗砂、中砂

续表 3-5

序号	起止桩号	左河漫滩 主要粒组及含量 mm				左河漫滩 岩性	右河漫滩 主要粒组及含量 mm				右河漫滩 岩性	河床 岩性
		5~2	2~0.5	0.5~0.25	0.25~0.075		5~2	2~0.5	0.5~0.25	0.25~0.075		
8	36+281~40+262	—	52~59	15~58	12~40	中砂、粗砂，上覆粉质壤土，粒径小于 0.075 mm 的细粒含量 8%~13%	—	30~46	17~29	11~26	中砂、粗砂，粒径小于 0.075 mm 的细粒含量 7%~14%	中砂、粗砂
9	40+262~48+210	基本无砂资源分布					潍河水利风景区					
10	48+210~51+360	—	20~56	16~28	16~52	中砂、粗砂，上覆粉质壤土，粒径小于 0.075 mm 的细粒含量 10%~22%	—	35~55	19~53	14~60	中砂、粗砂，上覆粉质壤土，粒径小于 0.075 mm 的细粒含量 11%~40%	中砂、粗砂、细砂
11	51+360~52+860	基本无砂资源分布					—	35~55	19~28	14~60	中砂、粗砂、粉砂，粒径小于 0.075 mm 的细粒含量 5%~8%	细砂
12	52+860~55+463	—	—	20~40	45~61	细砂、粉砂，粒径小于 0.075 mm 的细粒含量 13%~39%	—	—	28~40	47~60	细砂，粒径小于 0.075 mm 的细粒含量 12%~14%	细砂、粉砂
13	55+463~56+872	—	—	40~48	47~52	细砂，粒径小于 0.075 mm 的细粒含量 5%~8%						细砂、粉砂

表3-6 砂资源分布

序号	起止桩号	左河漫滩 分布范围（m）	左河漫滩 地质评价	右河漫滩 分布范围（m）	右河漫滩 地质评价	河床 分布范围（m）	河床 地质评价
1	1+953 ~ 3+080	基本无砂资源分布		基本无砂资源分布			
2	3+680 ~ 6+512			基本无砂资源分布			
3	7+112 ~ 9+500	1.层顶高程:37.8~38.6; 2.层底高程:28.6~28.1; 3.厚度:9.2~6.9; 4.宽度:起始处有分布,宽50~400	基本未采砂,厚度极大,夹厚3.6m粉质壤土透镜体,下伏为泥岩			1.层顶高程:30.5~31.5; 2.层底高程:30.0~29.0; 3.厚度:1.5~1.7; 4.宽度:200~250	未采砂,均厚仅1.6m,下伏泥岩
4	13+568 ~ 14+400	1.层顶高程:21.5~21.6; 2.层底高程:17.7~12.0; 3.厚度:3.8~9.6; 4.宽度:80~200	基本未采砂,均厚近7m,厚度极大,下伏粉质壤土,其下为泥岩	粉质壤土厚达7.2~8.0 m,下伏泥岩,基本无砂资源分布		1.层顶高程:11.2~12.2; 2.层底高程:9.2~8.8; 3.厚度:2.0~3.4; 4.宽度:200~300	采砂严重,均厚3 m,厚度适中,下伏泥岩
5	16+000 ~ 16+181	1.层顶高程:20.8~20.7; 2.层底高程:8.0~7.9; 3.厚度:12.8; 4.宽度:110~130	采砂严重,厚度极大,均厚近13m,下伏泥岩	1.层顶高程:16.9~16.5; 2.层底高程:11.5~11.3; 3.厚度:5.4~5.2; 4.宽度:20~40	采砂严重,厚度5余m,成为河床一部分,下伏泥岩	1.层顶高程:12.6~12.2; 2.层底高程:8.8~8.5; 3.厚度:3.8~3.7; 4.宽度:130~150	采砂严重,均厚近4 m,厚度适中,下伏泥岩

续表 3-6

序号	起止桩号	左河漫滩 分布范围(m)	左河漫滩 地质评价	右河漫滩 分布范围(m)	右河漫滩 地质评价	河床 分布范围(m)	河床 地质评价
6	18+400 ~ 18+500	1.层顶高程:20.0~20.5; 2.层底高程:12.6~13.0; 3.厚度:7.4~7.5; 4.宽度:400~500	采砂严重,厚度极大,均厚7.5 m,宽度极大,下伏泥岩	1.层顶高程:20.2~20.3; 2.层底高程:5.9~5.5; 3.厚度:14.3~14.8; 4.宽度:35~40	采砂极严重,厚度极大,均厚近15 m,下伏泥岩	1.层顶高程:8.6; 2.层底高程:5.6; 3.厚度:3.0; 4.宽度:520~580	采砂严重,厚度适中,宽度达550 m左右,下伏泥岩
7	21+350 ~ 22+564	1.层顶高程:16.6~17.3; 2.层底高程:4.1~3.6; 3.厚度:12.5~13.7; 4.宽度:400~600	采砂严重,成为河床的一部分,厚度分布极大,均厚13 m,下伏泥岩	1.层顶高程:19.5~19.3; 2.层底高程:6.0~9.5; 3.厚度:13.6~10.0; 4.宽度:1 000~1 500	基本未采砂,厚度极大,均厚12 m,宽度极大,下伏泥岩	1.层顶高程:7.3~7.7; 2.层底高程:4.3~4.8; 3.厚度:3.0~2.9; 4.宽度:100~140	采砂严重,均厚3 m,厚度适中,宽度极大,下伏泥岩
8	25+604 ~ 27+700	1.层顶高程:14.2~12.5; 2.层底高程:2.4~0.7; 3.厚度:11.8; 4.宽度:65~220	采砂严重,均厚11.8 m,厚度极大,宽度不均,表层分布1.1~2.0粉质壤土,下伏泥岩	1.层顶高程:17.4~15.7; 2.层底高程:6.4~7.4; 3.厚度:11.0~8.3; 4.宽度:500~1 000	采砂严重,厚度极大,宽度极大,夹层粉质透镜体,下伏泥岩	1.层顶高程:6.0~4.2; 2.层底高程:3.2~1.0; 3.厚度:2.8~3.2; 4.宽度:650~850	采砂严重,均厚3 m,宽度适中,宽度极大,均宽达近800 m,下伏泥岩
9	29+350 ~ 29+758	1.层顶高程:11.9~12.7; 2.层底高程:-2.8~-3.2; 3.厚度:14.7~15.9; 4.宽度:800~1 200	采砂极大,宽度极大,表层分布厚2.6~4.1 m粉质壤土,下伏泥岩	1.层顶高程:12.0~9.4; 2.层底高程:-2.7~-4.6; 3.厚度:14.9~14.0; 4.宽度:100~200	基本未采砂,厚度极大,表层分布1.2~3.2 m粉质壤土	1.层顶高程:0.8~1.7; 2.层底高程:-3.2~-2.2; 3.厚度:4.0~3.9; 4.宽度:260~340	采砂严重,厚度适中,均宽300余 m,下伏泥岩

续表 3-6

序号	起止桩号	左河漫滩		右河漫滩		河床	
		分布范围（m）	地质评价	分布范围（m）	地质评价	分布范围（m）	地质评价
10	30+040 ~ 30+269	1. 层顶高程:13.1~11.6; 2. 层底高程:-3.3~-3.6; 3. 厚度:16.4~15.2; 4. 宽度:600~800	采砂严重,厚度极大,表层发布厚1.0~2.0 m粉质壤土,下伏粉质壤土厚3.5 m	1. 层顶高程:7.1~7.9; 2. 层底高程:-6.4~-6.3; 3. 厚度:13.5~14.2; 4. 宽度:150~180	采砂严重,厚度极大,表层分布7.1~3.9 m粉质壤土薄层,下伏泥质岩	1. 层顶高程:0.8~0.3; 2. 层底高程:-3.2~-3.6; 3. 厚度:4.0~3.9; 4. 宽度:320~370	采砂严重,厚度适中,均宽300 m,下伏泥岩
11	34+300 ~ 35+350	1. 层顶高程:11.7~12.5; 2. 层底高程:-8.0; 3. 厚度:19.7~20.5; 4. 宽度:330~820	采砂严重,厚度适中,均宽600余m,下伏粉质壤土厚10 m	1. 层顶高程:11.0~12.3; 2. 层底高程:-8.4~-7.2; 3. 厚度:19.4~19.5; 4. 宽度:400~800	采砂严重,厚度极大,均宽近500 m,下伏花岗岩	1. 层顶高程:-4.1; 2. 层底高程:-8.1~-8.6; 3. 厚度:4.0~4.5; 4. 宽度:470~580	采砂严重,厚度适中,均宽540 m,下伏花岗岩
12	53+470 ~ 53+677	1. 层顶高程:6.3; 2. 层底高程:1.1; 3. 厚度:5.2; 4. 宽度:1 000	未采砂,厚度极大,宽近1 000 m,下伏粉质壤土,揭露厚度10 m	1. 层顶高程:7.4~6.8; 2. 层底高程:-0.9~-1.3; 3. 厚度:8.3~8.1; 4. 宽度:500~600	未采砂,厚度极大,均宽达560 m,下伏粉质壤土,揭露达6 m	1. 层顶高程:0.2~-0.1; 2. 层底高程:-1.6~-1.4; 3. 厚度:1.8~1.3; 4. 宽度:330~480	未采砂,厚度较薄,均宽400 m,下伏粉质壤土,揭露厚度7 m
13	53+877 ~ 55+866	1. 层顶高程:6.1~2.6; 2. 层底高程:0.8~-0.9; 3. 厚度:3.6~5.4; 4. 宽度:300~1 000	未采砂,厚度适中,宽度极大,表层粉质壤土厚达4余m,下伏粉质壤土,揭露厚度9.6 m	1. 层顶高程:5.4~8.3; 2. 层底高程:-0.2~-1.3; 3. 厚度:8.5~6.6; 4. 宽度:600~800	未采砂,厚度极大,均宽达近600 m,下伏粉质壤土,揭露达9.4 m	1. 层顶高程:-0.3~-0.1; 2. 层底高程:-1.3~-1.4; 3. 厚度:1.0~1.5; 4. 宽度:420~640	未采砂,厚度较薄,均宽近600 m,下伏粉质壤土,揭露厚度7.5 m

表 3-7　河道可采区砂资源分段颗粒分析试验成果

序号	起止桩号	左河漫滩 主要粒组划分及含量				左河漫滩 岩性	右河漫滩 主要粒组划分及含量				右河漫滩 岩性	河床 岩性
		5~2	2~0.5	0.5~0.25	0.25~0.075		5~2	2~0.5	0.5~0.25	0.25~0.075		
1	1+953~3+080	基本无砂资源分布					基本无砂资源分布					
2	3+680~5+512	基本无砂资源分布					基本无砂资源分布					
3	7+112~9+500	—	27~53	16~38	19~52	粗砂、中砂、细砂,粒径小于 0.075 mm 的细粒含量 10%~14%	基本无砂资源分布					粗砂、中砂、细砂
4	13+568~14+400	—	38~65	16~34	12~88	粗砂、细砂、中砂,粒径小于 0.075 mm 的细粒含量高达 8%~18%	基本无砂资源分布					粗砂、细砂
5	16+000~15+181	—	65	16	12~88	粗砂、细砂,粒径小于 0.075 mm 的细粒含量 8%~12%	20~23	31~54	13~30	14~57	粗砂,其次为细砂,粒径小于 0.075 mm 的细粒含量 6%~11%	粗砂、细砂
6	18+400~18+500	21~23	31~24	13~20	14~18	粗砂,粒径小于 0.075 mm 的细粒含量 8%~12%	—	19~64	10~35	10~21	粗砂,粒径小于 0.075 mm 的细粒含量 9%~15%	粗砂
7	21+350~22+564	—	38~60	14~42	12~86	中砂、粗砂、细砂,粒径小于 0.075 mm 的细粒含量 5%~14%	—	35~58	17~31	8~22	粗砂、中砂,粒径小于 0.075 mm 的细粒含量 4%~18%	粗砂、中砂

续表3-7

序号	起止桩号	左河漫滩 主要粒组划分及含量 5~2	2~0.5	0.5~0.25	0.25~0.075	左河漫滩 岩性	右河漫滩 主要粒组划分及含量 5~2	2~0.5	0.5~0.25	0.25~0.075	右河漫滩 岩性	河床 岩性
8	25+604~27+700	28~39	21~62	14~25	8~64	砾砂、粗砂，上层为粉细砂，粒径小于0.075 mm的细粒含量高达6%~12%	12~24	26~57	16~60	8~29	粗砂、中砂，粒径小于0.075 mm的细粒含量高达7%~20%	砾砂、粗砂、中砂
9	29+350~29+758	35	25~56	13~36	13~24	粗砂、砾砂，粒径小于0.075 mm的细粒含量9%~15%	28~35	25~56	11~36	6~35	中砂、砾砂，粒径小于0.075 mm的细粒含量4%~15%	中砂、砾砂
10	30+040~30+269											
11	34+300~35+350	—	53~65	16~21	11~17	粗砂，粒径小于0.075 mm的细粒含量7%~12%	20~24	29~68	17~29	8~16	粗砂，粒径小于0.075 mm的细粒含量3%~15%	粗砂
12	53+470~53+677	—	35~40	50~61		细砂、粉砂，粒径小于0.075 mm的细粒含量高达8%~39%						
13	53+877~55+866						—	31~40	47~86		细砂，粒径小于0.075 mm的细粒含量13%~14%	粉细砂

3.4.3　建筑用砂质评价标准

3.4.3.1　混凝土用细骨料粒组划分

据《水利水电工程天然建筑材料勘察规程》(SL 251—2000)附录 C.1.1~C.1.3,混凝土用细骨料的天然建筑材料粒组划分见表 3-8,砂砾料的分类采用颗粒分析试验数据,按粒度从大到小累计筛余质量百分率大于 50%确定。

表 3-8　混凝土用细骨料天然建筑材料粒组划分

粗组名称		料径(mm)
蛮石		>150
砾石	极粗	150~80
	粗	80~40
	中	40~20
	细	20~5
砂粒	极粗	5~2.5
	粗	2.5~1.25
	中	1.25~0.63
	细	0.63~0.315
	微细	0.315~0.158
	极细	0.158~0.075
粉粒	粗	0.075~0.01
	细	0.01~0.005
黏粒		0.005~0.002
胶粒		<0.002

3.4.3.2　细度模数

细度模数计算公式为

$$FM = \frac{A_{2.5} + A_{1.25} + A_{0.63} + A_{0.315} + A_{0.158}}{100}$$

式中：FM 为砂的细度模数；$A_{2.5}$、$A_{1.25}$、$A_{0.63}$、$A_{0.315}$、$A_{0.158}$ 分别为 2.5 mm、1.25 mm、0.63 mm、0.315 mm、0.158 mm 筛的累计筛余质量百分数。

FM 为衡量砂粗细程度的指标,据该指标,将砂分为粗、中、细 3 种,其细度模数分别为 3.19~3.85、2.50~3.19、1.78~2.50。拌制混凝土用细骨粒细度模数以 2.5~3.5 为宜。

3.4.3.3　平均粒径

平均粒径计算公式为

$$\overline{D} = 0.5 \sqrt[3]{\frac{a_1 + a_2 + a_3 + a_4 + a_5}{11a_1 + 1.37a_2 + 0.171a_3 + 0.02a_4 + 0.0024a_5}}$$

式中: $\overline{D}$ 为砂的平均粒径, mm; a_1、a_2、a_3、a_4、a_5 分别为孔径 0. 158 mm、0. 315 mm、0. 63 mm、1. 25 mm、2. 5 mm 各筛分计筛余百分数。

据该指标,将砂分为粗、中、细 3 种,平均粒径分别为: 0. 43 ~ 0. 66 mm、0. 36 ~ 0. 43 mm、0. 31 ~ 0. 36 mm。拌制混凝土用细骨粒平均粒径以 0. 36 ~ 0. 50 为宜。

3.4.4 砂资源质量

可采区砂资源分段细度指标见表 3-9,表中细度模数与平均粒径采用颗粒分析试验成果。

通过野外地质调查、钻探与室内试验,可采区砂资源从砂层分布宽度、厚度与岩性(建材分类与平均粒径分类)、含泥量以及细度等方面综合评价其质量(见表 3-10)。

3.4.5 可开采量

可采区共 13 处。峡山水库上游 3 处,峡山水库下游至潍河湿地公园 8 处,潍河水利风景区至入海口 2 处。峡山水库上游 1+953 ~ 3+080 与 3+680 ~ 6+512 基本无砂层分布。53+470 ~ 53+677 与 53+877 ~ 55+866 砂层质量极差,不应作为建筑用砂,亦无需进行可开采量计算。其余 9 处质量较好。可采区自上游至下游编号依次为 No. 3 ~ No. 11。

3.4.5.1 No. 3 可采区

No. 3 可采区位于峡山区郑公街道办事处,采区平均长度约 2 390 m,平均宽度约 200 m,采区内无通信电缆、光缆、高压线等重要保护地物,采区上游约 0. 8 km 有一扬水站取水口,下游临潍河入峡山水库且为弯道险工段。砂资源可开采量 88. 2 万 m³,河床内开采。

3.4.5.2 No. 4 可采区

No. 4 可采区位于峡山区岞山街道办事处,采区平均长度约 830 m,平均宽度约 260 m,采区内无通信电缆、光缆、高压线等重要保护地物,采区上游约 2 km 处为潍胶路大桥,下游临久远埠险工河段。河床内开采,砂资源可开采量 62. 4 万 m³。

3.4.5.3 No. 5 可采区

No. 5 可采区位于峡山区岞山街道办事处,采区平均长度约 180 m,平均宽度约 110 m,采区内无通信电缆、光缆、高压线等重要保护地物,采区上游约 0. 5 km 处临久远埠险工河段,下游 1 km 处有辉村橡胶坝。河床内开采,砂资源可开采量 6. 7 万 m³。

3.4.5.4 No. 6 可采区

No. 6 可采区位于昌邑市饮马镇,采区平均长度约 100 m,平均宽度约 580 m,采区内无通信电缆、光缆、高压线等重要保护地物,采区上游约 1 km 处有辉村橡胶坝,下游 0. 5 km 处临山阳西险工河段。河床内开采,砂资源可开采量 16. 6 万 m³。

3.4.5.5 No. 7 可采区

No. 7 可采区位于昌邑市饮马镇,采区平均长度约 1 210 m,平均宽度 530 m,采区内无通信电缆、光缆、高压线等重要保护地物,采区上游约 0. 5 km 处临邓村险工河段,下游 0. 5 km 处为青银高速公路桥。河床内开采,砂资源可开采量 201. 2 万 m³。

表 3-9　可采区砂资源分段细度指标

序号	起止桩号	左河漫滩			右河漫滩		
		孔号	FM	$\bar{D}$	孔号	FM	$\bar{D}$
1	1+953~3+080	基本无砂层分布					基本无砂层分布
2	3+680~6+512	基本无砂层分布					基本无砂层分布
3	7+112~9+500	WCGWZ1	0.8/1.9	0.24/0.38	基本无砂层分布		
		WCGWZ3	0.8/1.5	0.24/0.29			
		WCGWZ6	0.8/1.9	0.24/0.43			
4	13-568~14+400	WCGWZ7	0.3/2.3	0.22/0.43	基本无砂层分布		
5	16+000~16+181	WCGWZ7	0.3/2.3	0.22/0.43	WCGWY11	0.7/2.6	0.24/0.37
6	18+400~18+500	WCGWZ8	0.1/2.0/2.7/2.6	0.22/0.40/0.41/0.40	WCGWY12	0.3/2.4	0.22/0.40
7	21+350~22+564	WCGWZ9	1.9/2.2/1.9	0.36/0.40/0.36	WCGWY14	0.4/2.3/1.5	0.22/0.43/0.34
		WCGWZ10	0.3/0.8/2.8	0.22/0.25/0.45	WCGWY15	1.9/2.9	0.36/0.46
8	25+604~27+700	WCGWZ11	0.7/2.3/2.0	0.24/0.41/0.38	WCGWY16	1.1/1.7/1.4/2.5	0.26/0.34/0.33/0.34
		WCGWZ12	0.1/2.9/2.9	0.22/0.48/0.41	WCGWY17	0.7/2.7/2.1	0.25/0.47/0.38
9	29+350~29+758	WCGWZ13	1.5/2.1/2.9	0.31/0.40/0.44	WCGWY18	1.5/3.3/1.3	0.30/0.49/0.33
10	30+040~30+269						
11	34+300~35+350	WCGWZ14	2.3/2.2	0.42/0.42	WCGWY19	2.4/2.0/2.8	0.42/0.39/0.42
		WCGWZ15	2.1/2.0	0.40/0.38	WCGWY21	1.7/2.5/1.7	0.38/0.43/0.34
12	53+470~53+677	WCGWZ28	0.8	0.24	WCGWY28	0.3	0.22
		WCGWZ29	0.2	0.22	WCGWY27	0.7	0.25
13	53+877~55+866	WCGWZ29	0.2	0.22	WCGWY25	0.7	0.24
		WCGWZ30	0.1	0.22	WCGWY26	0.8	0.25
		WCGWZ31	0.9	0.24	WCGWY27	0.7	0.25

表 3-10 可采区砂资源质量评价

序号	起止桩号	左河漫滩	右河漫滩	河床
1	1+953~3+080	基本无砂资源分布	基本无砂资源分布	
2	3+680~6+512	基本无砂资源分布		
3	7+112~9+500	1. 宽 50~400 m,仅分布于起始处; 2. 厚 9.2~6.9 m,厚度极大; 3. 按建材分类属细砂; 4. 平均粒径 0.24~0.39 mm,符合者仅占 25%,不符合; 5. 细度模数 0.8~1.9,不符合; 6. 含泥量 10%~14%,大于允许值 3%; 评价:细度基本不符合,质量差	基本无砂资源分布	1. 宽 200~250 m; 2. 均厚 1.6 m; 3. 细度基本不符合; 评价:质量差
4	13+568~14+400	1. 宽 80~200 m,比较宽; 2. 厚 3.8~9.6 m,均厚 7 m,厚度极大; 3. 按建材分类主要属细砂; 4. 平均粒径 0.22~0.43 mm,符合者占 50%; 5. 细度模数 0.3~2.3,不符合; 6. 含泥量达 8%~18%,大于允许值 3%; 评价:细度较不符合,质量较差	基本无砂资源分布	1. 宽度 200~300 m; 2. 均厚 3.0 m; 3. 细度较不符合; 评价:质量较差
5	16+000~16+181	1. 宽 110~130 m,比较宽; 2. 厚 12.8 m,厚度极大; 3. 按建材分类属中砂、微细砂; 4. 平均粒径 0.22~0.43 mm,符合者占 50%; 5. 细度模数 0.3~2.3,不符合; 6. 含泥量达 8%~12%,大于允许值 3%; 评价:细度基本不符合,质量差	1. 宽 20~40 m,较宽; 2. 厚 5.2~5.4 m,厚度适中; 3. 按建材分类属细砂、微细砂; 4. 平均粒径 0.24~0.37 mm,符合者占 50%; 5. 细度模数 0.7~2.6,符合者占 50%; 6. 含泥量达 6%~11%,大于允许值 3%; 评价:细度一般,宽度仅 30 m 左右,质量差	1. 宽度 130~150 m; 2. 均厚近 4 m; 3. 细度一般; 评价:质量一般

续表 3-10

序号	起止桩号	左河漫滩	右河漫滩	河床
6	18+400 ~ 18+500	1. 宽 400~500 m，极宽； 2. 厚 7.4~7.5 m，均厚 7.5 m，厚度极大； 3. 按建材分类属中砂、细砂； 4. 平均粒径 0.22~0.41 mm，符合者占 75%； 5. 细度模数 0.1~2.7，符合者占 50%； 6. 含泥量 8%~13%，大于允许值 3%； 评价：细度较符合，质量好	1. 宽 35~40 m，比较宽； 2. 厚 14.3~14.8 m，均厚近 15 m，厚度极大； 3. 按建材分类属中砂、极粗砂； 4. 平均粒径 0.22~0.40 mm，符合者占 50%； 5. 细度模数 0.3~2.4，不符合； 6. 含泥量高 9%~15%，大于允许值 3%； 评价：细度较符合，质量差	1. 宽 520~580 m； 2. 层厚 3 m，厚度适中； 3. 细度较符合； 评价：质量好
7	21+350 ~ 22+564	1. 宽 400~600 m，极宽； 2. 厚 12.5~13.7 m，均厚 13 m，厚度极大； 3. 按建材分类主要属中砂、细砂、极细砂； 4. 平均粒径 0.22~0.45 mm，符合者占 67%，较符合； 5. 细度模数 0.3~2.8，符合者占 17%； 6. 含泥量达 5%~14%，大于允许值 3%； 评价：细度较符合，宽度极大，质量好	1. 宽 1 000~1 500 m，宽度极大； 2. 厚 13.6~10.0 m，均厚达 12 m，厚度极大； 3. 按建材分类主要属细砂； 4. 平均粒径 0.22~0.46 mm，符合者占 80%； 5. 细度模数 0.4~2.9，符合者占 25%； 6. 含泥量达 4%~18%，大于允许值 3%； 评价：细度基本符合，质量好	1. 宽 100~140 m； 2. 均厚 3 m； 3. 细度较符合； 评价：质量好
8	25+604 ~ 27+700	1. 宽 65~220 m，宽度不均，比较宽； 2. 厚 13.6~10.0 m，均厚 12 m，厚度极大； 3. 按建材分类属细砂、微细砂； 4. 平均粒径 0.22~0.48 mm，符合者占 67%； 5. 细度模数 0.1~2.9，符合者占 33%； 6. 含泥量 6%~12%，大于允许值 3%； 评价：细度较符合，表层粉质土壤土厚 1.1~2.0 m，质量较好	1. 宽 500~1 000 m，宽度极大； 2. 厚 13.6~10.0 m，均厚 12 m，厚度极大； 3. 按建材分类属微细砂； 4. 平均粒径 0.25~0.47 mm，符合者占 29%； 5. 细度模数 0.7~2.7，符合者占 29%； 6. 含泥量达 7%~20%，大于允许值 3%； 评价：细度基本不符合，含泥量甚高，宽度极大，质量较差	1. 宽 650~850 m； 2. 均厚 3 m； 3. 细度较符合； 评价：质量好

续表 3-10

序号	起止桩号	左河漫滩	右河漫滩	河床
9	29+350 ~ 29+758	1. 宽800~1 200 m,宽度极大; 2. 厚14.7~15.9 m,厚度极大; 3. 按建材分类属细砂、微细砂; 4. 平均粒径0.31~0.44 mm,符合者占67%; 5. 细度模数1.5~2.9,符合者占33%; 6. 含泥量9%~15%,大于允许值3%; 评价:细度较符合,表层分布有厚2.6~4.1 m的粉质壤土,质量较差	1. 宽100~200 m,比较宽; 2. 厚14.9~14.0 m,均厚14余m,厚度极大; 3. 按建材分类属细砂、微细砂、中砂; 4. 平均粒径0.30~0.49 mm,符合者占33%; 5. 细度模数1.3~3.3,符合者占33%; 6. 含泥量达4%~15%,大于允许值3%; 评价:细度基本不符合,表层分布有有厚1.2~3.2 m的粉质壤土,质量较差	1. 宽260~340 m; 2. 厚4.0~3.9 m,均厚近4.0 m; 3. 细度一般; 评价:质量较差
10	30+040 ~ 30+269	1. 宽600~800 m,宽度极大; 2. 厚16.4~15.2 m,均厚达16 m,厚度极大; 3. 按建材分类属细砂、微细砂; 4. 平均粒径0.31~0.44 mm,符合者占67%; 5. 细度模数1.5~2.9,符合者占33%; 6. 含泥量9%~15%,大于允许值3%; 评价:细度较符合,表层分布符合,表层分布有厚1.0~2.0 m的粉质壤土,质量较差	1. 宽150~180 m,比较宽; 2. 厚13.5~14.2 m,均厚达14 m,厚度极大; 3. 按建材分类属细砂、微细砂、中砂; 4. 平均粒径0.30~0.49 mm,符合者占33%; 5. 细度模数1.3~3.3,符合者占33%; 6. 含泥量达4%~15%,大于允许值3%; 评价:细度基本不符合,表层分布有有厚1~3.9 m,质量极差	1. 宽320~370 m; 2. 厚4.0~3.9 m,均厚近4.0 m; 3. 细度一般; 评价:质量较差
11	34+300 ~ 35+350	1. 宽330~820 m,比较宽; 2. 厚19.7~20.5 m,厚度极大; 3. 按建材分类属中砂、细砂; 4. 平均粒径0.38~0.42 mm,符合; 5. 细度模数2.0~2.3,不符合; 6. 含泥量7%~12%,大于允许值3%; 评价:细度基本符合,质量好	1. 宽度400~800 m,比较宽,均宽近500 m; 2. 厚度19.4~19.5 m,厚度极大; 3. 按建材分类属中砂、细砂; 4. 平均粒径0.34~0.43 mm,符合者占83%; 5. 细度模数1.7~2.8,符合者占33%; 6. 含泥量3%~15%,大于允许值3%; 评价:细度基本符合,质量好	1. 宽470~580 m; 2. 厚4.0~4.5 m,均厚4余m; 3. 细度基本符合; 评价:质量基本好

续表 3-10

序号	起止桩号	左河漫滩	右河漫滩	河床
12	53+470 ~ 53+577	1. 宽 300~1 000 m,宽度极大; 2. 均厚 5.2 m/4.5 m,厚度适中; 3. 按建材分类属微微细砂、极细砂; 4. 平均粒径 0.22~0.24 mm,不符合; 5. 细度模数 0.1~0.9,不符合; 6. 含泥量高达 8%~39%,大于允许值 3%,大于允许值 3%; 评价:细度不符合,含泥量甚高,质量极差	1. 宽 500~800 m,宽度极大; 2. 均厚 8 余 m/7.0 m,厚度极大; 3. 按建材分类属微细砂、极细砂; 4. 平均粒径 0.22~0.25 mm,不符合; 5. 细度模数 0.3~0.8,不符合; 6. 含泥量高达 13%~14%,大于允许值 3%; 评价:细度不符合,含泥量高,质量极差	1. 宽 330~480 m; 2. 均厚 1.5 m/1.3 m, 3. 细度不符合; 评价:质量极差
13	53+877 ~ 55+866			

3.4.5.6　No.8 可采区

No.8 可采区位于昌邑市饮马镇,采区平均长度约 2 100 m,平均宽度约 850 m,采区内无通信电缆、光缆、高压线等重要保护地物,采区上游约 1 km 处有李家村橡胶坝,下游0.5 km 处临西金台险工河段。河床内开采,砂资源可开采量 527.5 万 m^3。

3.4.5.7　No.9 可采区

No.9 可采区位于寒亭区朱里街道办事处,采区平均长度约 410 m,平均宽度约320 m,采区内无通信电缆、光缆、高压线等重要保护地物,采区上游 0.5 km 处临西金台险工河段,下游 100 m 处有跨河高压线杆。河床内开采,砂资源可开采量 50.3 万 m^3。

3.4.5.8　No.10 可采区

No.10 可采区位于寒亭区朱里街道办事处,采区平均长度约 230 m,平均宽度约380 m,采区内无通信电缆、光缆、高压线等重要保护地物,采区上游约 100 m 处有跨河高压线杆,下游 0.5 km 处为国道 G309 跨潍河大桥。河床内开采,砂资源可开采量 34.0 万m^3。

3.4.5.9　No.11 可采区

No.11 可采区位于昌邑市围子镇,采区平均长度约 1 050 m,平均宽度约 480 m,采区内无通信电缆、光缆、高压线等重要保护地物,采区上游约 0.5 km 处临东隅渠险工,下游0.5 km 临西小章险工河段。河床内开采,砂资源可开采量 225.1 万 m^3。

3.5　小　结

3.5.1　地质条件

3.5.1.1　地形地貌

建筑用砂资源研究河段地形自南向北由高变低,位于平原区;0-867~30+783 属山前冲洪积平原,30+783~56+872 属冲积、海积平原,56+872~79+859 属海积平原。

3.5.1.2　地层岩性

沿河两侧广泛出露第四纪地层,分布于现代河床、河漫滩及山前冲洪积平原,主要有全新统临沂组、沂河组、寒亭组、潍北组、黑土湖组、旭口组,晚更新统大站组。基岩主要为古近系始新统朱壁店组、白垩系下统青山群后夼组,莱阳群曲格庄组、杜村组,粉子山群小宋组,荆山群陡崖组与野头组及侏罗系与新元古界侵入岩。

3.5.1.3　河谷结构及特征

(1)0-867~12+405:河流呈南西—北东流向,属成形谷;基本无堤防,采砂影响较小,沂胶路附近河漫滩发育,岸坡为岩质、砂质、土质,植被发育。

(2)12+405~0+000:为峡山水库库区。

(3)0+000~40+262:河流总体呈南—北流向,24+598~30+783 呈北东流向。2005 年前受采砂影响严重极严重,之后修建了数座闸坝,河段基本无采砂活动。河谷基本对称,较规则;河床宽而深,受采砂影响,最宽处达 900 m,大部分河段宽 150~500 m;堤防较完整,基本连续,0+000~17+186 右堤已修建为城区道路;河漫滩仅放水洞附近无分布,其他河段发育、极发育,宽度达数百米,最宽处达 1 000 余 m,其上植被发育,受采砂影响,水涯线呈锯齿状,原先的河漫滩现已成为河床的一部分;砂质岸坡,受采砂影响,大部分裸露,近几年基本未受影响,植被发育。

（4）40+262~48+210:为潍河水利风景区。

（5）48+210~56+872:河流呈 S 形,总体流向南—北向,属成形谷,未受采砂影响;河谷基本对称,较规则,河床宽而浅,最宽达 600 m;河漫滩发育、极发育,岔河村附近宽达1.5 km,其上植被发育;土堤连续,较完整;岸坡主要为粉质壤土,植被发育,自然缓坡。

（6）56+872~79+859:河流总体呈南西—北东流向,属成形谷,未受采砂影响;河谷基本对称,受上游众多拦蓄水库及闸坝的影响,河床萎缩严重,68+144~79+859 为感潮河段,宽 200~500 m,其他河段小于 150 m;河漫滩极发育,最宽处达 2 000 余 m,仅下营港右岸宽度小于 50 m;岸坡主要为砂壤土,自然缓坡。

3.5.2　砂资源特征

3.5.2.1　泥沙来源

墙夼水库以上河段流经山区,河床强烈下切,坡降大,水流湍急;墙夼水库—17+186流经丘陵区与平原区,河床逐渐开阔,阶地发育,基岩被第四系覆盖,接受上游及支流带来的切割碎屑物的沉积;17+186~79+859 河床开阔,属凹陷区,广泛接受上游、中游及支流带来的碎屑物的沉积。中华人民共和国成立后干支流修建了众多水库及拦河闸坝,致径流量锐减,大大降低了泥沙造床能力。

3.5.2.2　砂粒来源

根据流经的岩性及砂砾来源,潍河干流自源头至入海口处分为 4 段。段 1 流经山区,岩性主要为灰岩、砂岩类;段 2 流经山区,岩性主要为片麻岩类、火山碎屑岩类、砂岩类;段 3 流经丘陵区、平原区,岩性主要为片麻岩类、砂岩类;段 4 流经平原区,岩性主要为第四系。

段 2、段 3 流经岩性主要为花岗片麻岩、片麻岩类,此类岩石为潍河最主要的砂砾来源。

3.5.2.3　砂资源特征

（1）0-867~12+405:未受采砂影响。左河漫滩 5+700 始有分布,右河漫滩 9+500 始有分布;粗砂、中砂、粉细砂混杂;左河漫滩厚达 9 m,右河漫滩厚仅 3 m 左右,下伏泥岩,河床厚 2 m 左右,宽达 300~400 m。

（2）0+000~40+262:受采砂影响严重、极严重,岩性主要为粗砂、中砂及砾砂、细砂。左河漫滩厚 10~15 m,最厚处达 23.9 m,仅 0+000 附近厚度较薄;右河漫滩 17+186 以上河段厚度小于 9 m,17+186~40+262 厚 15 m 左右,最厚处达 21.3 m;河床 0+000~11+556基本采没,34+212~40+262 厚达 20 m 左右,其余河段厚 2.5~4.5 m;其中左河漫滩 24+598~40+262 与 34+212~40+262 分别上覆厚达 1.1-4.4 m 与 4.1~11.6 m 的粉质壤土,右河漫滩 11+056~17+186 上覆厚达 3.4~7.2 m 的粉质壤土。

（3）48+210~56+872:未受采砂影响。48+210~51+210 岩性主要为中砂、粗砂、细砂,56+872 及其上游 5 km 河段岩性主要为细砂、粉砂;左河漫滩厚 5~7 m,最厚处近 16 m;右河漫滩厚 3.5~8.5 m,最厚处达 22 m;河床厚度不均,最厚处达 16 m,最薄处仅 1 m。

3.5.3 可采区砂资源特征、质量及可开采量

河段全长 93.1 km,可采区(桩号为河床桩号,下同)共 14.653 km,划分为 13 段。峡山水库上游 3 段[1+953~3+080(①)、3+680~6+512(②)、7+112~9+500(③)],峡山水库下游 10 段[13+568~14+400(④)、16+000~16+181(⑤)、18+400~18+500(⑥)、21+350~22+564(⑦)、25+604~27+700(⑧)、29+350~29+758(⑨)、30+040~30+269(⑩)、34+300~35+350(⑪)、53+470~53+677(⑫)、53+877~55+866(⑬)]。

3.5.3.1 砂资源特征及颗粒组成

1.0-867~12+405(①~③)

1+953~3+080(①)与 3+680~6+512(②)基本无砂层分布。7+112~9+500(③)右河漫滩无分布,砂层主要分布于左河漫滩与河床,基本未受采砂影响,粗砂、中砂、细砂混杂,左河漫滩厚达 6.9~9.2 m,河床仅 1.5~1.7 m,宽度分别为 50~400 m 与 200~250 m。下伏泥岩。

2.0+000~40+262(④~⑪)

受采砂影响严重。左河漫滩岩性主要是粗砂、砾砂、中砂、细砂,13+568~14+400(④)与 18+400~18+500(⑥)均厚 7~7.5 m,其余段均厚 13~16 m,34+300~35+350(⑪)均厚达 20 m,宽度前两段 80~200 m,其余段 330~800 m,最宽处达 1 200 m;右河漫滩岩性主要是粗砂、中砂,13+568~14+400(④)基本无分布,16+000~16+181(⑤)均厚 5 m,其余段均厚达 10~15 m,34+300~35+350(⑪)均厚近 20 m,21+350~22+564(⑦)、25+604~27+700(⑧)与 34+300~35+350(⑪)宽度达 400~1 500 m,其余段 100~200 m,前两段甚至不足 40 m;河床岩性主要是粗砂、中砂、细砂,均厚 3~4 m,宽度达 200~700 m,16+000~16+181(⑤)宽仅 130~150 m。25+604~27+700(⑧)、29+350~29+758(⑨)与 30+040~30+269(⑩),表层分布厚度为 1.0~4.0 m 的粉质壤土。

3.48+210~56+872(⑫~⑬)

未受采砂影响。岩性主要是细砂、粉砂。左河漫滩均厚 5.2 m(⑫)/4.5 m(⑬),宽达数百米,甚至上千米;右河漫滩均厚 8.0 m/7.0 m,宽 500~800 m;河床厚仅 1.5 m/1.3 m,宽度 320~480 m/420~640 m。

3.5.3.2 砂资源质量

1.0-867~12+405 (①~③)

前两段无砂层分布。7+112~9+500(③)左河漫滩平均粒径 25%,符合,细度模数不符合,细度基本不符合,质量差;右河漫滩无分布;河床细度基本不符合,质量差。综合评价此段砂层质量差。

2.0+000~40+262 (④~⑪)

13+568~14+400(④)左河漫滩平均粒径一半符合,细度模数不符合,细度较不符合,均厚达 7 m,质量较差;右河漫滩无分布;河床细度基本不符合,质量差。综合评价此段砂层质量较差。

16+000~16+181(⑤)左河漫滩平均粒径一半符合,细度模数不符合,细度基本不符合,均厚近 13 m,质量较差;右河漫滩平均粒径一半符合,细度模数一半符合,细度一般,

宽度小于 40 m,质量差;河床细度较不符合,宽仅 130~150 m,质量差。综合评价此段砂层质量左河漫滩较差,其余差。

18+400~18+500(⑥)左河漫滩平均粒径符合者占 75%,细度模数一半符合,细度较符合,均厚达 7.5 m,质量好;右河漫滩平均粒径一半符合,细度模数不符合,细度较不符合,宽度小于 40 m,质量差;河床细度较符合,均宽达 550 m,质量好。综合评价此段砂层质量好。

21+350~22+564(⑦)左河漫滩平均粒径符合者 67%,细度模数符合者占 17%,细度较符合,厚达 13 m,宽达 500 m 左右,质量好;右河漫滩平均粒径符合者占 80%,细度模数符合者 25%,细度基本符合,均厚达 12 m,宽达 1 000 余 m,质量好;河床均厚 3 m,细度较符合,质量好。综合评价此段砂层质量好。

25+604~27+700(⑧)左河漫滩平均粒径符合者 67%,细度模数符合者占 33%,细度较符合,均厚达 12 m,宽度不均,表层粉质壤土厚 1.1~2.0 m,质量较好;右河漫滩平均粒径符合者占 29%,细度模数符合者 29%,细度基本不符合,均厚达 12 m,宽 800 m 左右,质量较差;河床均厚 3m,细度较符合,质量较好。综合评价此段砂层质量较好。

29+350~29+758(⑨)左河漫滩平均粒径符合者 67%,细度模数符合者占 33%,细度较符合,均厚达 15 m,均宽达 1 000 m 左右,表层粉质壤土厚 2.6~4.1 m,质量差;右河漫滩平均粒径符合者占 33%,细度模数符合者 33%,细度基本不符合,均厚达 14 m,宽 100~200 m,表层粉质壤土厚 1.2~3.2 m,质量差;河床均厚 4 m,细度一般,质量较差。综合评价此段砂层质量差。

30+040~30+269(⑩)左河漫滩平均粒径符合者 67%,细度模数符合者占 33%,细度较符合,均厚达 16 m,宽达 600~800 m,表层粉质壤土厚 1.0~2.0 m,质量较差;右河漫滩平均粒径符合者占 33%,细度模数符合者 33%,细度基本不符合,均厚达 14 m,宽 150~180 m,表层粉质壤土厚达 7.1~3.9 m,质量差;河床均厚 4 m,细度一般,质量较差。综合评价此段砂层质量较差。

34+300~35+350(⑪)左河漫滩平均粒径符合,细度模数不符合,细度符合,均厚达 20 m,宽达 330~820 m,质量好;右河漫滩平均粒径符合者占 83%,细度模数符合者 33%,细度基本符合,均厚达 19.5 m,均宽近 500 m,质量好;河床均厚 4 m,细度基本符合,质量好。综合评价此段砂层质量好。

3.48+210~56+872(⑫~⑬)

此两段左河漫滩平均粒径不符合,细度模数不符合,质量极差;右河漫滩平均粒径不符合,细度模数不符合,质量极差;河床细度指标亦不符合,质量极差。综合评价此两段砂层质量极差。

3.5.3.3　可开采量

No.3(③)可开采量 88.2 万 m³,河床内开采;No.4(④)可开采量 62.4 万 m³,河床内开采;No.5(⑤)可开采量 6.7 万 m³,河床内开采;No.6(⑥)可开采量 16.6 万 m³,河床内开采;No.7(⑦)可开采量 201.2 万 m³,河床内开采;No.8(⑧)可开采量 527.5 万 m³,河床内开采;No.9(⑨)可开采量 50.3 万 m³,河床内开采;No.10(⑩)可开采量 34.0 万 m³,河床内开采;No.11(⑪)可开采量 225.1 万 m³,河床内开采。

第4章 支流渠河砂资源研究

据现有渠河源头成文资料,该河发源于临沂市沂水县圈里乡(实为高家庄乡)太平山,有东西两个源头,东源为上二郎峪,西源为红石峪,两源水在小弓河村南汇合,流向自西北向东南。通过考证中国人民解放军总参谋部测绘局1982年出版的蒋峪幅(10-50-142-甲)、牛沐幅(10-50-142-乙)、马站幅(10-50-142-丙)、圈里幅(10-50-142-丁)四幅1:5万地形图与1974年出版的蒋峪幅(10-50-142)1:10万地形图及山东省地质调查院2004年修测的潍坊市幅(J50C004004)1:25万地质图等地形、地质图,依据河源为远的原则,渠河发源于潍坊市临朐县大关乡东南大官庄村西的太平山西麓。流向自西北向东南,流经临朐县大关乡、沂水县张马庄乡、圈里乡、胡家岔河乡,在该乡下獐子峪村北入潍坊市(安丘市)域柘山乡,在该乡王家沟村东复入沂水县富官庄乡,在该乡抬头村东的于家河水库溢洪道尾水渠东成为安丘市与沂水县的界河;流经安丘市召忽乡、沂水县何家庄乡与朱双乡,在朱双村东又复入潍坊市域,折向东北,成为安丘市与诸城市的界河;流经安丘市石埠子镇、诸城市马庄镇、安丘市庵上镇、官庄镇与临浯乡、诸城市吴家楼乡与石桥子镇、安丘市景芝镇、诸城市郭家屯镇;在诸城市郭家屯镇候家岭、安丘市景芝镇东河崖村流向北,入坊子区,于该区于家庄北入峡山水库。河长103 km,流域面积1 060.6 km²。

渠河砂资源研究河段自安丘市于家河水库西南的李家庄拦河坝始,至峡山水库上游的沂胶路大桥,拦河坝—孔家庄桥段基本位于沂水县内,孔家庄桥(1+660)—峡山水库上游沂胶路(64+840)段,全长63.2 km。

4.1 河段地质条件

4.1.1 地形地貌

4.1.1.1 地形

河段地形自西南向东北由高变低。孔家庄桥—石埠子村东北的后里村段属丘陵区,区内最高山为柘山镇东的摘药山,高程495 m;最低山为下株梧水库西侧的漏头山,高程203.4 m,高差291.6 m。后里村—峡山水库段属平原区,区内最低点为峡山水库上游河套村西,高程38.0 m,高差165.4 m。

4.1.1.2 地貌

(1)孔家庄桥—后里村段属剥蚀堆积地形的残丘丘陵区,河流下蚀与侧蚀作用弱,形成低缓的丘陵地貌。总体流向从西南流向东北。孔家庄桥—蒯沟村段河势稳定,基本呈东南走向,一级阶地发育,左岸宽100~300 m,右岸宽50~100 m。蒯沟村—后里村段受两侧山体的影响,河流走向呈S形,左侧阶地宽达500~4 000 m,右侧宽100~500 m。

(2)后里村—峡山水库段属堆积地貌类型的山前冲洪积平原。河势稳定,后里村—

G206 东的相州镇张家岭村段呈西南—东北走向,张家岭—峡山水库段基本呈南—北走向。

4.1.2 地层岩性

沿河两侧广泛发育第四系地层,分布于现代河床、阶地及山前冲洪积平原,主要有全新统沂河组(Qhy)、临沂组(Qhl)与晚更新统大站组(Qpd);基岩主要有白垩系下统王氏群林家庄组(K₁lj),大盛群方戈庄组(K₁fg)、田家楼组(K₁t),马朗沟组(K₁m)与八亩地组(K₁b)。地层岩性及分布详见表 4-1。

表 4-1 渠河两岸地层岩性及分布

年代地层			岩石地层			岩性描述	分布范围
界	系	统	群	组	代号		
新生界	第四系	全新统	—	沂河组	Qhy	混粒砂、砂砾、砾石	现代渠河河床、河漫滩、低漫滩
			—	临沂组	Qhl	细砂、粉砂黏土、含砾石黏土	现代渠河河漫滩、高漫滩
		晚更新统	—	大站组	Qpd	黄色、褐黄色砂质黏土,局部含砾石	左岸、右岸阶地孔家庄桥、王庄—殷家庄
中生界	白垩系	下统	王氏群	林家庄组	K₁lj	砾岩、砂岩、砂砾岩	左岸:张解村北—后庄村
			大盛群	方戈庄组	K₁fg	黄色细砂岩、粉砂岩、安粗岩	右岸:于家河水库—王庄村
							左岸:召忽东南
							左岸:蒯沟—张解村西北
							左岸:张解村西
				田家楼组	K₁t	黄绿色细砂岩粉砂岩夹页岩	右岸:王庄村对面偏东南
							右岸:殷家庄—张解村西
							左岸:张解村北
							右岸:马庄村北—石埠子村东
							右岸:藏家庄—大里户
							左岸:清河套子—西古河
				马朗沟组	K₁m	紫灰色砾岩夹沸石岩	源头—北代庄
				八亩地组	K₁b	流纹质凝灰岩熔结凝灰岩	左岸:殷家庄—蒯沟
							右岸:张解村西南

4.1.3 渠河河名由来及河道演变

4.1.3.1 河名由来及历史时期演变

渠河源出临朐太平山,流经沂水,在沂水域内谓之"浯河",并以此注册不少商标。复入潍坊市域,省道 S222 里丈大桥以上河段不同比例尺的地形图、地质图仍谓之"汶河"(当地百姓谓之渠河),其下河段直至峡山水库不同比例尺的地形图与地质图及当地百姓则谓之"渠河",出现一河两名的现象,有必要厘清其缘由:

(1)汶河是地质历史时期河流,自喜马拉雅山运动(确切地说自全新世或晚更新世以来更贴切)至今,其名称与源头——省道 S222 里丈大桥河段走向与现今基本无异。该河古称汶水,《辞海》称:汶河,在山东省东部,发源于沂山东麓,东北流经安丘、诸城两县入潍河。《地理志》称东汶水,出灵门壶山,迳汉姑幕故城,并入诸城。壶山,即穆陵关东侧太平山。《水经注》:潍水又北,汶水注之,水出汶山,世谓之巨平山也。《地理志》曰:灵门县有高山,壶山,汶水所出,东北入潍,今是山西接汶山。

(2)北宋元丰年间(公元 1080 年前后)成书的《元丰九域志》,对诸城仅提了 3 条河流,分别是潍水、荆水、卢水,这应该是当时诸城 3 条较大的河流。潍河、卢河现在依旧,而荆河现在只是一条在都吉台村流入渠河的小河,显然不足以入《元丰九域志》。该书"安丘条"也记载了 3 条河流——汶水、汶水、潍水,说明汶水主要部分在安丘,而不是像现在这样是安丘和诸城的界河,那位置只能比现在偏北,就是现在的景芝镇汶河位置。

(3)清乾隆年间《诸城县志》载:汶水又东流十五里,径葛岗南,其南有废渠,径霞岗(村名,在今诸城相州镇)东通长千沟,至今汶水下流土人名为"渠河",或以此欤?

他们对"渠河"的叫法也不解,认为渠河是汶河下游"土人"的土叫法。乾隆诸城县志编辑者由于受当时条件所限,他们没搞清荆河、汶河等的关系,以清代当时实际情况而言,汶河与现在情形一样,汶河"就是"渠河,所以他们对下游人把汶河叫"渠河"搞不清原因。到了光绪县志,则叫渠河了。

从上述三点可见,渠河自喜马拉雅山运动直至清光绪前,并无文字记载,亦即安丘市域/诸城市域无此河展布。自光绪年间才始有记载,当时的渠河,亦即现今的渠河,是汶河的下游,详述之:

(1)据《齐乘》卷之二:汶出高柘山(有误,是太平山),东北纳荆水。《三齐记》:昔人堰汶入荆,溉稻田万顷。《三齐略记》:桓公堰汶水南入荆水,灌田数万顷。

(2)《水经注》:潍水又北迳平昌县故城东(见图 4-1),荆水注之。水出县南荆山阜东北流迳平昌县故城东……荆水又东北流,注于潍水。又北,汶水注之,水出汶山,世谓之巨平山也。《地理志》曰:灵门县有高〈厂呆〉山、壶山,汶水所出,东北入潍。今是山西接汶山。许慎《说文解字》言水出灵门山,世谓之汶汶矣。其水东北迳姑幕县故城东。县有五色土,王者封建诸侯,随方受之。故薄姑氏之国也。阚骃曰:周成王时,薄姑与四国作乱,周公灭之,以封太公。是以《地理志》曰:或言薄姑也。王莽曰季睦矣。应劭《左传》曰:薄姑氏国,太公封焉。薛瓒《汉书·注》云:博昌有薄姑城,未知孰是?汶水又东北迳平昌县故城北,古堨此水,以溢溉田,南注荆水。汶水又东北流而注于潍水也。

(3)潍河自诸城北流,先汇入荆水。荆水是发源于诸城石桥子镇南部荆山的一条河流,东北独立注入潍河。

(4)古代遏汶水可以灌入荆水。

(5)此处有一与现在实际情况不符的地方:

荆河是在诸城都吉台/临汶小石埠处汇入汶河,并非独立汇入潍河。清末《水经注

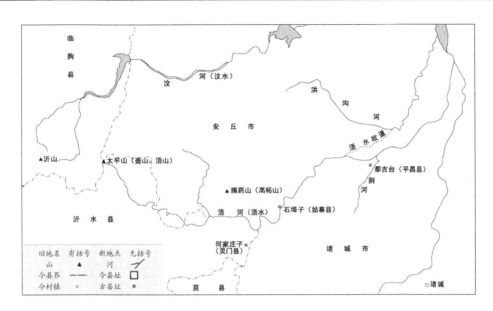

图 4-1　西汉姑幕县、灵门县位置

疏》看出了问题：会贞按，《青州府志》，荆水经平昌故城台下，合雹泉入於浯。与古异。就是说，《水经注》里面说荆水东北注入潍河，而《青州府志》则说荆水经过平昌故城，与雹泉河（左支流）一起注入浯河，与过去的说法不相一致。

荆河现在看来是一条很短的小河（上游有吴家楼中型水库 1 座），何以入了郦道元的视野？何况它只是渠河小支流。

由图 4-2 可见，圈 1 处左侧有一分支河流，是景芝浯河源头，该支流河道较笔直，拐角数处呈 90°，此为 20 世纪 60~70 年代整治所致。圈 2 是荆水入渠河的地方，圈 3 是渠河入潍河的地方，圈 4 是景芝浯河入潍河的地方。结合历史文献资料分析知：

①景芝浯河是浯水老河道，即浯水自临朐太平山发源，流经石埠子、临浯，于景芝北入潍河，即现今的峡山水库；

②荆河原来是条较大的河流，独立入潍河，现在东石埠（确切位置是都吉台）以下河道是老荆河河道；

③圈 1（里丈村附近）与圈 2（都吉台）之间河道是人工开凿或浯河大水，夺荆河河道入潍，目的是灌溉，浯水水量较大，荆水河短流浅，故有"堰浯入荆"之说；

④浯河老河道淤积，上游来水大流经荆河，久而久之，主河道逐渐缩窄，新河道变成了主河道，于是荆河不再单独入潍，二者合成了"渠河"。

综上所述：渠河都吉台以下河段是古荆水；现在的浯河，即穿过景芝镇的浯河（洪沟河实为浯河的支流），是古代的浯水，是浯水的下游；沂水城内人们所说的浯河，是渠河的上游；现在的渠河，其上游就是古代的浯水；现在的渠河，其下游是浯水下游改道后夺荆河所形成（见图 4-3）。

4.1.3.2　近期演变及趋势

渠河为诸城市与安丘市的界河，中华人民共和国成立后经过少许治理。渠河殷民拦

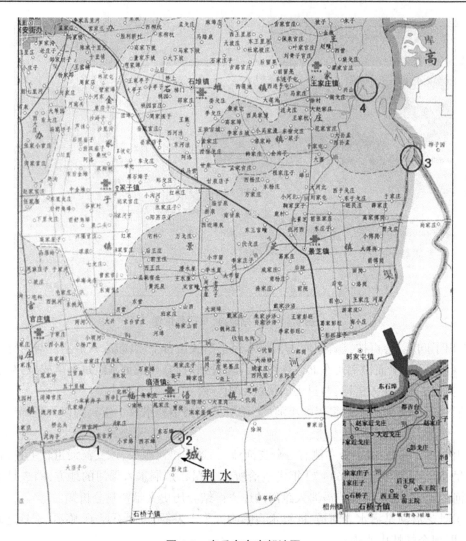

图 4-2　安丘市东南部地图

河闸上游段无堤防,河道两侧临山体或高地,河势较为稳定。下游段河道河床多为砂层,复式河床,河谷为 U 形河谷。中华人民共和国成立后诸城、安丘两市进行过数次治理,堤防总长 84 km,其中安丘段 46 km、诸城段 38 km。

1974 年 8·13 暴雨洪水过后,沿河两岸于 1975 年、1976 年根据实际情况对河道进行了整修,部分河段筑堤,并修建了建筑物。1987 年为提高河道行洪能力,对河道内树木、沙丘等进行了清障。1998 年,投资 40 万元治理渠河郭家屯镇赵家寨至封家岭段,清理河床,加固堤防。随着最近 20 多年采砂活动的加剧,河道主河槽加宽,但是不规则的采砂使得河床变化加剧,水流紊流,加剧了河势的变化。

渠河近期演变以人工干预为主,自然变化以河床淤积为主。由于该河上游多属山区、丘陵区,水流弯曲过度。加之洪水泥沙含量超过了它的输沙能力,河床形态与流域来水、来沙和河床边界条件不相适应,河道以长期缓慢下蚀为主。

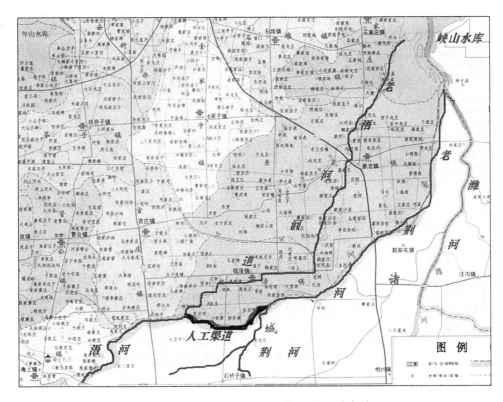

图 4-3　浯河、老浯河、荆河、老荆河、渠河演变关系

4.1.4　河谷结构及特征

通过查阅研究河段 1:5 万地形图、1:5 万地质图、1:25 万地质图及沿河实地查勘,研究河段河谷结构及特征详见表 4-2。

表 4-2　渠河河谷结构及特征

序号	起止桩号	河谷类型	河谷结构及岸坡特征
1	1+660 ~ 2+160	采砂前属成形谷,现为采砂严重影响河谷	1. 河流呈西—东流向,无堤防,河谷受采砂影响极严重,孔家庄桥桩周土层下挖达 8 m 之巨,成为名副其实的端承桩,致使此桥成为危桥; 2. 河谷基本对称,原为成形谷,因采砂严重受影响河谷; 3. 未采砂前(2000 年),河谷较规则,宽而浅,河床深 2~3 m,河漫滩发育,属成形谷; 4. 无堤防; 5. 水面宽 3~5 m,河床宽而深,宽达 150 m,比采砂前河床至少加深 6 m,已无河漫滩; 6. 岸坡为砂质,坡体裸露,左岸坡度 65°左右,右岸坡度 60°左右; 7. 阶地发育,左岸阶地宽达 300~700 m,高于河床 10~15 m,右岸阶地宽 100~200 m,高于河床 8~15 m

续表 4-2

序号	起止桩号	河谷类型	河谷结构及岸坡特征
2	2+160 ~ 3+148	采砂前属成形谷,现为采砂严重影响河谷	1. 河流呈西—东流向,河谷受采砂影响极严重,王庄桥桩周土层下挖达 4 m 之巨,成为名副其实的端承桩,致使此桥成为危桥; 2. 河谷基本对称,原为成形谷,现为采砂严重影响河谷,受采砂影响,河床、河漫滩较规则,似人工渠化的河道; 3. 未采砂前(2000 年),河谷较规则,窄而浅,河床深 2~3 m,河漫滩发育,属成形谷; 4. 无堤防; 5. 水面宽 3~8 m,河床窄而深,宽仅 20~30 m,比采砂前至少加深 3 m; 6. 左漫滩宽 30~40 m,右漫滩宽度小于 10 m,均无耕植,为采砂堆积而成; 7. 岸坡为砂质,坡体裸露,左岸坡度 50°左右,右岸坡度 60°左右; 8. 阶地发育,左岸阶地宽达 300~500 m,高于河床 10~15 m,右岸阶地宽 100~150 m,高于河床 8~15 m
3	3+148 ~ 4+875	采砂前属成形谷,现为采砂严重影响河谷	1. 河流呈西—东流向,河谷受采砂影响极严重; 2. 河谷基本对称,原为成形谷,现为采砂严重影响河谷,受采砂影响,河床、河漫滩较规则,似人工渠化的河道; 3. 未采砂前(2000 年),河谷较规则,窄而浅,河床深 2~3 m,河漫滩发育,属成形谷; 4. 无堤防; 5. 水面宽 3~8 m,河床窄而深,宽仅 6~10 m,比采砂前河床至少加深 3 m; 6. 左漫滩宽 10~40 m,右漫滩宽度小于 10 m,均无耕植,为采砂堆积而成; 7. 岸坡为砂质,坡体裸露,左岸坡度 50°左右,右岸坡度 60°左右; 8. 阶地发育,左岸阶地宽达 300~500 m,高于河床 10~15 m,右岸阶地宽 100~150 m,高于河床 8~15 m
4	4+875 ~ 9+806	采砂前属成形谷,现为采砂严重影响河谷	1. 河流呈西—东流向,河谷受采砂影响极严重; 2. 河谷基本对称,宽 150~180 m,原为成形谷,现为采砂严重影响河谷; 3. 未采砂前(2000 年),河谷较规则,窄而浅,河漫滩发育,属成形谷; 4. 无堤防; 5. 水面宽 80~100 m,河床宽而浅,宽达 100 余 m,比采砂前河床至少加深 2.5~3.5 m; 6. 左漫滩宽 10~30 m,右漫滩不发育,均无耕植,为采砂堆积而成; 7. 岸坡为砂质,坡体裸露,左岸坡度 50°左右,右岸坡度 60°左右; 8. 阶地较发育,左岸阶地宽 50~100 m,右岸阶地宽度小于 100 m

续表 4-2

序号	起止桩号	河谷类型	河谷结构及岸坡特征
5	9+806 ~ 10+300	采砂前属成形谷,现为采砂较严重影响河谷	1. 河流呈西北—东南流向,河谷受采砂影响严重; 2. 河谷基本对称,宽 200~400 m,原为成形谷,现为采砂严重影响河谷; 3. 未采砂前(2000 年),河谷较规则,宽而浅,不对称,河漫滩发育,属成形谷; 4. 无堤防; 5. 水面宽 20~40 m,河床宽而浅,宽 80~100 m,比采砂前河床至少加深 1.5~2.5 m; 6. 河漫滩发育,左漫滩宽 10~20 m,右漫滩宽 60~300 m,均无耕植,为采砂堆积而成; 7. 岸坡为砂质,坡体裸露,左岸坡度 60°左右,右岸坡度 50°左右; 8. 左岸阶地发育,宽 100~300 m,右岸不发育
6	10+300 ~ 17+818	成形谷	1. 河流流向呈 S 形,河谷基本未受采砂影响,基岩较浅,甚至出露于河床; 2. 河谷基本对称,宽 150~300 m,为成形谷,局部受采砂影响; 3. 无堤防; 4. 水面宽 30~50 m,河床宽而浅,宽达 80~100 m,河床主要为砂质与卵砾石质,局部岩石出露; 5. 河漫滩发育,左漫滩宽 80~120 m,右漫滩宽 40~60 m,均无耕植,为自然沉积而成,高于河床 3~4 m; 6. 岸坡为砂质,坡体较好,基本未裸露,坡度较缓,左岸坡度 30°左右,右岸坡度 40°左右。
7	17+818 ~ 24+905	成形谷	1. 河流呈南—北流向,河谷基本未受采砂影响,基岩较浅,甚至出露于河床; 2. 河谷基本不对称,宽 150~250 m,为成形谷,仅局部受采砂影响; 3. 无堤防; 4. 水面宽 60~80 m,河床宽而浅,宽达 80~120 m,河床主要为砂质与卵砾石质,局部岩石出露; 5. 河漫滩较发育,左漫滩宽 20~30 m,右漫滩宽 10~20 m,高于河床 2~3 m; 6. 岸坡为砂质、石质,坡体较好,基本未裸露,坡度较缓,左岸坡度 30°左右,右岸坡度 25°左右

续表 4-2

序号	起止桩号	河谷类型	河谷结构及岸坡特征
8	24+905 ~ 28+798	成形谷	1. 河流呈西南—东北流向,河谷基本未受采砂影响,基岩较浅,甚至出露于河床; 2. 河谷基本不对称,宽 200~300 m,为成形谷,局部受采砂影响; 3. 无堤防; 4. 水面宽 30~50 m,河床宽而浅,宽达 100~150 m,河床主要为砂质与卵砾石质,局部岩石出露; 5. 河漫滩较发育,左漫滩宽 20~50 m,右漫滩宽 40~80 m,为自然沉积而成,高于河床 2~3 m; 6. 岸坡为砂质,卵砾石质、石质,坡体较好,基本未裸露,坡度较缓
9	28+798 ~ 36+572	成形谷	1. 河流呈西南—东北流向,河谷基本未受采砂影响,基岩较浅,甚至出露于河床; 2. 河谷基本不对称,宽 200~300 m,为成形谷,局部受采砂影响; 3. 无堤防; 4. 水面宽 50~80 m,河床宽而浅,宽达 120~180 m,河床主要为砂质与卵砾石质,局部岩石出露; 5. 河漫滩发育,左漫滩宽 40~100 m,右漫滩宽 30~50 m,为自然沉积而成,高于河床 1~4 m; 6. 岸坡为砂质,卵砾石质、石质,坡体较好,基本未裸露,坡度较缓
10	36+572 ~ 39+217	成形谷	1. 河流基本呈西—东流向,河谷未受采砂影响,基岩较浅,甚至出露于河床; 2. 河谷基本不对称,宽 300~350 m,为成形谷; 3. 无堤防; 4. 水面宽 50~100 m,河床宽而浅,宽达 120~200 m,河床主要为卵砾石质与砂质,局部岩石出露; 5. 河漫滩发育,左漫滩宽 40~150 m,右漫滩宽 30~80 m,为自然沉积而成,高于河床 1~6 m; 6. 岸坡主要为土质、卵砾石质、石质,其次为砂质,坡体较好,基本未裸露,坡度较缓

续表 4-2

序号	起止桩号	河谷类型	河谷结构及岸坡特征
11	39+217 ~ 43+656	成形谷	1. 河流呈西北—东南流向,河谷未受采砂影响,基岩较浅,甚至出露于河床,呈宽浅的 U 形; 2. 河谷基本不对称,宽 350~400 m,为成形谷; 3. 有堤防,较完整,堤身裸露; 4. 水面宽 100~130 m,河床宽而浅,宽达 120~200 m,河床主要为卵砾石质与石质,局部岩石出露; 5. 河漫滩发育,左漫滩宽 200~400 m,右漫滩宽 80~120 m,为自然沉积而成,高于河床 1~6 m,全被耕植,植被发育; 6. 岸坡主要为土质、卵砾石质、石质,其次为砂质,坡体较好,基本未裸露,坡度较缓
12	43+656 ~ 46+798	采砂前属成形谷,现为采砂较严重影响河谷	1. 河流呈西南—东北流向,河谷受采砂影响严重; 2. 河谷基本不对称,宽 350~450 m,为成形谷,呈宽浅的 U 形; 3. 有堤防,高 3~4 m,较完整,堤身裸露; 4. 原河床为现在水面宽度,宽达 50~80 m,受采砂的影响,现河床宽达 100~150 m,局部 200~250 m,河床左侧为采砂而成,采坑遍布,采砂副料卵砾石堆积于河床; 5. 河漫滩发育,左漫滩宽 50~100 m,右漫滩宽 60~120 m,为自然沉积而成,高于河床 2~3 m,全被耕植,植被发育; 6. 岸坡主要为土质、卵砾石质、石质,其次为砂质,坡体较好,基本未裸露,坡度较缓
13	46+798 ~ 48+826	采砂前属成形谷,现为采砂较严重影响河谷	1. 河流基本呈西—东流向,河谷受采砂影响严重,仅局部未受影响; 2. 河谷基本不对称,宽 300~450 m,为成形谷,呈宽浅的 U 形; 3. 有堤防,简易土堤,高 1~1.5 m,毁损严重; 4. 水面宽 30~50 m,河床宽 60~150 m,采坑遍布,采砂副料卵砾石堆积于河床; 5. 河漫滩发育,左漫滩宽达 200~250 m,右漫滩宽 100~180 m,为自然沉积而成,全被耕植,植被发育; 6. 岸坡主要为土质、砂质,坡体较好,基本未受采砂影响,基本未裸露,坡度较缓

续表 4-2

序号	起止桩号	河谷类型	河谷结构及岸坡特征
14	48+826 ~ 52+475	采砂前属成形谷,现为采砂较严重影响河谷	1. 河流基本呈西南—东北流向,河谷受采砂影响严重,仅局部未受影响; 2. 河谷基本对称,宽 300~400 m,为成形谷,呈宽浅的 U 形; 3. 有堤防,简易土堤,毁损严重,临水侧堤身被开垦为耕地; 4. 水面宽 50~80 m,河床宽 80~100 m,采坑遍布,采砂副料卵砾石堆积于河床; 5. 河漫滩发育,左漫滩宽达 200~300 m,右漫滩宽 50~150 m,为自然沉积而成,全被耕植,植被发育; 6. 岸坡主要为砂质,受采砂影响,岸坡直立,坡体裸露
15	52+475 ~ 54+845	采砂前属成形谷,现为采砂较严重影响河谷,郭岗村东南附近为成形谷	1. 河流呈西南—东北流向,河谷受采砂影响严重,郭岗村东南附近基岩出露,无砂层分布,未受采砂影响; 2. 河谷大部对称,宽 300~350 m,为成形谷,呈宽浅的 U 形; 3. 有堤防,简易土堤,高 2~3 m,毁损严重; 4. 水面宽 20~80 m,郭岗村东南附近河床干涸,河床宽 80~100 m; 5. 河漫滩发育,左漫滩宽达 100~300 m,右漫滩宽 50~100 m,为自然沉积而成,全被耕植,植被发育; 6. 岸坡主要为砂质,夹薄层黏土,受采砂影响,呈直立状,仅局部段未受影响,呈缓坡
16	54+845 ~ 57+772	采砂前属成形谷,因采砂较严重影响河谷	1. 河流呈西南—东北流向,河谷受采砂影响严重; 2. 河谷大部对称,宽 300~350 m,为成形谷,呈宽浅的 U 形; 3. 有堤防,简易土堤,高 2~3 m,毁损严重,右岸局部段滩地已采没,致堤防高 5~6 m; 4. 水面宽 20~80 m,河床宽 80~100 m; 5. 河漫滩发育,左漫滩宽 10~30 m,局部宽 40~50 m,右漫滩宽 10~40 m,局部宽 40~70 m,为自然沉积而成,堆积物主要为砂质,夹薄层黏土,全被耕植,植被发育; 6. 岸坡主要为砂质,夹薄层黏土,受采砂影响,坡体裸露,呈直立状
17	57+772 ~ 60+300	成形谷	1. 河流基本呈西—东流向,河谷基本未受采砂影响; 2. 河谷基本对称,宽 200~250 m,为成形谷,呈宽浅的 U 形; 3. 有堤防,简易土堤,高 1.5~2.5 m,局部 3 余 m,基本完整,左堤好于右堤; 4. 水面宽 60~80 m,河床宽 60~120 m; 5. 河漫滩发育,左漫滩宽 30~80 m,局部宽 40~50 m,右漫滩宽 60~150 m,局部宽 30~60 m,为自然沉积而成,堆积物主要为土质、砂质,全被耕植,植被发育; 6. 岸坡主要为土质,夹薄层黏土,该段无采砂行为,岸坡为自然缓坡

续表 4-2

序号	起止桩号	河谷类型	河谷结构及岸坡特征
18	60+300 ~ 61+600	采砂前属成形谷,现为采砂较严重影响河谷	1. 河流呈西南—东北流向,近于南—北流向,河谷受采砂影响严重; 2. 河谷基本对称,宽 200～350 m,为成形谷,呈宽深的 U 形; 3. 有堤防,简易土堤,高 2.0～3.0 m,局部近 4 m,基本完整,左堤好于右堤; 4. 水面宽 150～200 m,受采砂影响,水面与河床等宽; 5. 河漫滩发育,左漫滩宽 30～60 m,右漫滩宽 30～50 m,局部小于 30 m,为自然沉积而成,堆积物主要为砂质,夹薄层黏土,全被耕植,植被发育; 6. 岸坡主要为砂质、土质,受采砂影响,坡体裸露,近乎呈直立状
19	61+600 ~ 68+795	采砂前属成形谷,现为采砂较严重影响河谷	1. 河流呈南—北流向,河谷受采砂影响严重; 2. 河谷大部对称,宽 300～350 m,为成形谷,呈宽深的 U 形; 3. 有堤防,简易土堤,高 2.5～3.5 m,局部 4 m,较完整,左堤好于右堤; 4. 水面宽 150～200 m,水面与河床等宽; 5. 河漫滩发育,左漫滩宽 30～50 m,局部宽度小于 20 m,右漫滩宽 30～60 m,为自然沉积而成,堆积物主要为砂质,夹薄层黏土,大部分耕植,植被发育; 6. 岸坡主要为砂质,夹薄层黏土,受采砂影响,坡体裸露,呈直立状

4.2　沉积物来源

渠河发源于临朐县太平山西麓,流经临朐县、沂水县、安丘市、诸城市与峡山区 5 个县(市、区),于沂胶路北入峡山水库,全长 103 km,流域面积 1 060.6 km²。二级支流主要分布在左岸,分别有朱保河、红石峪河、岔河、大苑河、李家沟河、于家河、孝河、清河与店子河;右岸仅有富官庄河、刘家夏庄河与荆河。

渠河流域内沉积物来源主要受新构造运动与岩性的影响。新构造运动(23 Ma B. P.)差异较大,石埠子以上河段属强隆起区,发生显著的差异性升降运动和水平运动,同时进入河流发育和切割阶段及导致水系扭曲,李家沟拦河坝以上段山峰尖锐,河谷呈 V 形,河床强烈下切,山间漂石发育,阶地发育,河床窄,坡降大,水流湍急;王庄—石埠子段河谷呈双 S 形,河床较宽,流水散乱,河床坡降相对较小,水流缓慢。以下河段属拗陷区,接受河流上游切割碎屑物的沉积。

新构造运动,尤其晚更新世(120 ka B. P.)以来,渠河河谷主要沉积了沂河组、临沂组与山前组。前两组为全新统,主要分布于现代河床与高、低漫滩,构成现代河道的主要堆积物,后一组为晚更新统,主要分布于上游阶地。

4.2.1　泥沙来源

随河水运动和组成河床的松散固体颗粒,称为泥沙。河流颗粒由一系列粒组组成,如巨砾、粗砾、细砾、粉粒、黏粒等。根据水流挟沙能力及河道水力比降,较粗颗粒主要沉积在河流上游,较细颗粒由于下切力的减小和颗粒筛选的作用,在下游搬运途中逐渐沉积。颗粒搬运过程可分为三个阶段:①大块岩石体积在山坡滑落中逐渐减小;②山坡受到剥蚀;③河床和河岸受到侵蚀。大块岩石体积变小包括山崩、滑坡及经受地质营力作用,发生在只受重力作用下,碎屑搬运到河流中时,山坡剥蚀发生在降雨强度较大并且超过岩石吸附能力及产生地面径流时。风化和剥蚀作用相辅相成,岩石只有被风化才易被侵蚀,被侵蚀后,露出新鲜的岩石,使之继续风化。风化产物的搬运是剥蚀作用的体现。当岩屑随着搬运介质,如风或水等流动时,对地表、河床产生侵蚀。随之产生更多的碎屑,为沉积作用提供了物质来源。河流悬移质泥沙主要是细颗粒,该颗粒的多少主要取决于流域水土保持。因此,河流泥沙多寡取决于流域范围的岩体与土体的破碎、风化等外力地质作用及水土保持措施优劣等。

渠河河谷中的砂石以及河流中运动着的泥沙,据其在水流中的运动状态,分为推移质和悬移质,推移质泥沙前进的速度远较水流速度小,以滚动、滑动或跳跃等方式沿河床呈间歇性运动,悬移质泥沙与水流速度基本相同,在水中浮游前进;推移质输沙量在整个河流输沙量中占有较少的百分比,一般在冲积平原河流中,悬移质的数量是推移质的数十倍,甚至数百倍,在河流蚀山造原过程中,悬移质在数量上起到非常重要的作用。

泥沙来源是河流上游或两岸的滩地冲刷挟带的悬移质推移质的沉积以及过去长期沉积形成的滩地。径流与泥沙密切相关,由于上游修建了数座中小型水库,致渠河径流量锐减,部分河段甚至断流,造成上游泥沙很难被冲刷到下游,同时河道中建坝以及其他蓄水设施也影响了河流中泥沙的搬运。

4.2.2　砂砾来源

根据流经地的岩性及砂砾来源,渠河可分为 4 段(见表 4-3)。段 3、段 4 分别流经平原区与丘陵区平原区,自渠河成形至文化期(5 ka B.P.),属于前全新世,无人类活动,并经历数次地质事件(暖期、冰期),但岩性中的灰岩、白云岩、页岩、火山碎屑岩、安山岩风化物无法成为河泥沙砾的母岩,全风化物主要成土状;砂岩、细砂岩虽可作为河泥沙砾母岩,因粒度较小,基本沉积在下游,即现今峡山水库上游段。文化期(5 ka B.P.)至今,流域内表部风化成土状的基岩基本全被耕植,植被发育,水土保持较好,成为诸城市、安丘市现代农业示范区,已无砂砾来源。

段 1、段 2 流经的地区侵入岩发育,属鲁西构造岩浆区,冷却的岩浆形成的岩石成为河泥砂砾的主要来源。渠河河泥砂砾的母岩主要是花岗岩类、砾岩、砂岩类。段 1 流经山区,岩性主要是花岗岩、玄武岩、砾岩、细砂岩与粉砂岩,花岗岩与砾岩成为河泥砂砾的主要母岩,细砂岩与粉砂岩主要沉积在下游。段 2 流经山区,岩性主要为花岗岩类,主要包括多种花岗岩与闪长岩,此段花岗岩类成为渠河最主要的砂砾来源。

表 4-3　渠河流经岩性分段

序号	段别	流经岩性
1	源头—圈里乡东北代庄	花岗岩、玄武岩、细砂岩、粉砂岩、砾岩
2	圈里乡东北代庄—李家沟拦河坝	各类花岗岩、闪长岩
3	李家沟拦河坝—S222 省道桥	安山岩、角砾岩、凝灰岩、砂岩、细砂岩、灰岩、白云岩、沂河组、临沂组、山前组
4	S222 省道桥—沂胶路桥	砂岩、页岩、凝灰岩、沂河组、临沂组

4.2.2.1　源头—圈里乡东北代庄段

河泥砂砾母岩主要有花岗岩弱片麻状中粒含黑云二长花岗岩与中细粒二长花岗岩；田家楼组与马朗沟组。

(1)弱片麻状中粒含黑云二长花岗岩与中细粒二长花岗岩地质特征与岩石学特征同段 2。

(2)田家楼组：该段在郯郚—葛沟断裂至安丘—莒县断裂之间，分布在段内中部渠河沿岸，岩性以砂岩、粉砂岩及页岩为主，由下向上划分 3 个非正式岩性段，厚 1 138～1 846 m。该组以浅湖相—深湖相沉积的灰—灰绿色砂岩、粉砂岩及泥岩为主，并以下部呈紫红—紫灰色调，岩石粒度较粗，以砂岩为主；上部呈灰—灰绿色调，岩石粒度相对较细，以粉砂质泥岩为主，可作为本组的识别标志。其与上、下层位均呈整合接触。水平层理发育，时而夹有微型交错层理。据岩石组合特征可划分 3 个岩性段。

(3)马朗沟组：主要分布在田家楼组外侧，岩性以灰色砾岩与紫红色安山质岩屑凝灰岩及紫红色细砂岩互层为特征，厚 203～628 m。以灰色砾岩为主，夹多层安山岩及安山质岩屑凝灰岩，并以灰色砾岩为识别标志。该组与上、下层位均呈整合接触。本组砾岩的砾石成分明显受物源区成分控制。

4.2.2.2　圈里乡东北代庄—李家沟拦河坝段

河泥砂砾母岩花岗岩主要有：新太古代条带状细粒黑云英云闪长质片麻岩与片麻状中细粒奥长花岗岩、片麻状粗中粒含角闪黑云花岗闪长岩；古元古代弱片麻状中粒含角闪二长花岗岩、弱片麻状中粒含黑云二长花岗岩与中细粒二长花岗岩。

1.条带状细粒黑云英云闪长质片麻岩

条带状细粒黑云英云闪长质片麻岩主要分布于李家沟水库右岸。侵入体呈岩枝状产出，平面形态呈北北西或北北东向延长的条带状或透镜状，侵入体内含较多磁铁石英岩、斜长角闪岩等包体，包体规模不一，大小不等，多呈透镜状，长轴延伸方向与侵入体延伸方向一致。岩石呈灰色，细粒结构，鳞片粒状变晶结构，条带状、片麻状构造。矿物平均粒径 1.2 mm，该岩体以粒度细、斜长石含量高及无钾长石等特征区别于蒙山岩套其他岩体。

2.片麻状中细粒奥长花岗岩

片麻状中细粒奥长花岗岩主要分布于渠河右岸峨山北侧，出露面积约 0.07 km²，长 700 m，宽 400 m，平面形态长条状，片麻理走向北北东，倾向东。呈灰—灰白色，中细粒花岗变晶结构，片麻状构造。主要矿物组成：斜长石 57%～75%，钾长石 0～5%，黑云母 5%～10.4%，石英 25%～30%。含少量磁铁矿、磷灰石。矿物粒径 2.5～1.0 mm，平均 1.5 mm

左右。

3. 片麻状粗中粒含角闪黑云花岗闪长岩

片麻状粗中粒含角闪黑云花岗闪长岩主要分布于渠河左岸圈里乡北擂鼓山东南与西南,出露面积约 80 km²。该岩体中含泰山岩群包体,包体岩性主要为斜长角闪岩、黑云变粒岩和磁铁石英岩等。包体大小不一,小者几厘米,大者可达数米,一般 20~30 cm。岩石呈灰—浅灰色,似斑状结构,不等粒花岗结构,块状构造,弱片麻状构造。斑晶含量为5%~10%,主要为微斜长石及斜长石,粒径为 0.5~0.8 cm,基质为中粒结构,主要矿物为斜长石、钾长石、石英等。

4. 弱片麻状中粒含角闪二长花岗岩

弱片麻状中粒含角闪二长花岗岩主要分布于渠河两岸及大老子村西侧南侧,呈岩株状产出,平面形态不规则带状,被条花峪岩体脉动侵入。侵入体中包体较多,包体岩性主要为斜长角闪石、磁铁石英岩及英云闪长岩、花岗闪长岩等。最多可达 10%,一般约 1%。最大者长可达数百米,宽数十米,小者仅数厘米。岩石呈浅灰—灰白色,略带肉红色色调,中粒花岗变晶结构,片麻状构造,局部有变余花岗结构,主要矿物组成:角闪石 5%~10%、黑云母<5%、斜长石 35%~40%、微斜长石 30%~35%、石英 20%。

5. 弱片麻状中粒含黑云二长花岗岩

弱片麻状中粒含黑云二长花岗岩分布广泛,平面形态为带状或不规则状,除个别侵入体发育北西向的定向构造外,均发育北东东向的定向构造且侵入体的长轴也呈北东东向展布,侵入体侵入泰山岩群、蒙山岩套及峄山岩套,被松山岩体脉动侵入,侵入体中常见变质地层包体及早期侵入岩包体,包体主要岩性为:黑云变粒岩、磁铁石英岩、斜长角闪岩及石英闪长岩、英云闪长岩、奥长花岗岩、花岗闪长岩、二长花岗岩等。岩石呈浅灰色—肉红色,中粒花岗变晶结构,弱片麻状构造。主要矿物组成:斜长石 28%~35%,微斜长石30%~35%,石英 20%~35%,黑云母 5%~10%,少量锆石、黄铁矿。

6. 中细粒二长花岗岩

中细粒二长花岗岩分布于渠河左岸最西侧与右岸最东南,具北西及北东走向的定向构造,侵入泰山岩群,脉动侵入杜家岔河、虎山、条花峪岩体。杨庄镇侵入体西侧被震旦系不整合覆盖。在侵入体边部常见泰山岩群包体及早期侵入岩包体。岩石呈灰红—灰白色,中细粒花岗变晶结构,弱片麻状构造,主要由黑云母(2%~4%)、斜长石(20%~30%)、微斜长石(30%~40%)、石英(35%)组成,主要矿物粒径 2~5 mm。

4.3　砂资源特征

4.3.1　砂资源分布

河道砂资源分布见表 4-4(表中序号 1~3 砂资源分布范围为阶地前缘处,地质评价为河漫滩处)。

4.3.2　砂资源颗粒组成

河道砂资源分段颗粒分析试验成果见表 4-5。

表 4-4　砂资源分布

序号	起止桩号	左河漫滩		右河漫滩		河床	
		分布范围(m)	地质评价	分布范围(m)	地质评价	分布范围(m)	地质评价
1	1+660～3+148	1. 层顶高程:122.2～116.9; 2. 层底高程:110.4～106.3; 3. 厚度:10.2～10.4; 4. 宽度:30～40	采砂严重,表层为采砂堆填所成,厚度极大,夹粉质壤土薄层	1. 层顶高程:121.0～118.1; 2. 层底高程:110.9～111.1; 3. 厚度:7～10; 4. 宽度:10～20	采砂严重,表层为采砂堆填所成,孔家庄东桥500 m 内无分布	1. 层顶高程:114.6～109.8; 2. 层底高程:110.5～106.0; 3. 厚度:4.1～3.8; 4. 宽度:20～30	采砂极严重,河床下挖达3 m,孔家庄桥附近达6 m,层厚适中,孔家庄桥东500 m 宽达150 m
2	3+148～4+875	1. 层顶高程:117.5～116.4; 2. 层底高程:105.7～103.7; 3. 厚度:11.8～12.7; 4. 宽度:10～40	采砂严重,表层为采砂堆填所成	1. 层顶高程:118.1～114.6; 2. 层底高程:111.1～98.8; 3. 厚度:7.0～14.3; 4. 宽度:10～30	采砂严重,表层为采砂堆填所成	1. 层顶高程:109.8～109.0; 2. 层底高程:106.0～103.6; 3. 厚度:3.8～5.4; 4. 宽度:6～10	采砂极严重,河床下挖达3 m,层厚适中
3	4+875～9+806	1. 层顶高程:113.9～104.1; 2. 层底高程:104.4～92.7; 3. 厚度:东段民村附近9.7左右,其他2～2.8,右; 4. 宽度:10～30	左河漫滩发育,基本未采砂,厚度极大,夹粉质壤土薄层,厚1.5～6.2	1. 层顶高程:118.1～114.6; 2. 层底高程:114.6～105.5; 3. 厚度:10～13; 4. 宽度:小于20	采砂严重,表层为采砂堆填所致,东段解村西主要为粉质壤土一张民	1. 层顶高程:109.0～99.3; 2. 层底高程:103.6～91.3; 3. 厚度:5～7; 4. 宽度:80～120	采砂极严重,河床下挖达2.5～3.5 m,层厚适中
4	9+806～17+818	1. 层顶高程:104.1～93.1; 2. 层底高程:92.7～82.7; 3. 厚度:7～10; 4. 宽度:80～120		1. 层顶高程:105.5～92.4; 2. 层底高程:94.4～80.0; 3. 厚度:9～13; 4. 宽度:40～60	基本未采砂,厚度极大,夹粉质壤土薄层	1. 层顶高程:99.3～91.0; 2. 层底高程:91.3～83.4; 3. 厚度:8.0～3.0; 4. 宽度:80～100	基本未采砂,厚度极大

续表 4-4

序号	起止桩号	左河漫滩 分布范围(m)	左河漫滩 地质评价	右河漫滩 分布范围(m)	右河漫滩 地质评价	河床 分布范围(m)	河床 地质评价
5	17+818 ~ 24+905	1.层顶高程:93.1~90.0; 2.层底高程:87.2~82.2; 3.厚度:4.5~5.5; 4.宽度:20~30	自然沉积而成,基本未采砂,厚度适中,无粉质壤质土夹层	1.层顶高程:92.4~81.0; 2.层底高程:81.7~78.1; 3.厚度:2~3; 4.宽度:10~20	基本未采砂,厚度极薄,刘家夏庄桥附近厚8m左右	1.层顶高程:89.5~83.2; 2.层底高程:87.0~81.2; 3.厚度:2~3; 4.宽度:80~120	基本未采砂,仅分布于刘家夏庄桥间,齐家庄子桥~夏庄桥附近刘家夏庄桥附近厚达8.2m,其余厚度较小
6	24+905 ~ 28+798	1.层顶高程:82.2~76.9; 2.层底高程:78.9~74.6; 3.厚度:2.3~3.3; 4.宽度:20~50	自然沉积而成,未采砂,厚度较薄,无粉质壤质土夹层	1.层顶高程:81.0~79.0; 2.层底高程:81.7~74.8; 3.厚度:3~4; 4.宽度:40~80	基本未采砂,厚度较适中,基本无粉质壤质土夹层	基本无砂资源分布	基本无砂资源分布
7	28+798 ~ 36+572	1.层顶高程:76.9~65.6; 2.层底高程:74.6~64.2; 3.厚度:2.3~1.4; 4.宽度:40~100	自然沉积而成,未采砂,厚度较薄,土夹层	1.层顶高程:79.0~69.8; 2.层底高程:74.8~63.7; 3.厚度:4~6; 4.宽度:30~50	基本未采砂,厚度极适中,张家清河村附近厚仅2.1m	基本无砂资源分布	基本无砂资源分布
8	36+572 ~ 39+217	1.层顶高程:65.6~63.8; 2.层底高程:64.2~61.3; 3.厚度:1.4~2.5; 4.宽度:40~150	自然沉积而成,未采砂,较薄,土夹层	基本无砂资源分布		基本无砂资源分布	基本无砂资源分布
9	39+217 ~ 43+656	1.层顶高程:63.8~58.9; 2.层底高程:58.9~54.1; 3.厚度:2.5~4.8; 4.宽度:200~400	自然沉积而成,未采砂,厚度适中,无粉质壤质土夹层	1.层顶高程:60.0; 2.层底高程:57.2; 3.厚度:2.8; 4.宽度:80~120	未采砂,近戈庄桥附近厚小于2.8m,两古河桥东2500m基本无分布	基本无砂资源分布	基本无砂资源分布

续表 4-4

序号	起止桩号	左河漫滩 分布范围(m)	左河漫滩 地质评价	右河漫滩 分布范围(m)	右河漫滩 地质评价	河床 分布范围(m)	河床 地质评价
10	43+656 ~ 46+798	1. 层顶高程:58.9~55.3; 2. 层底高程:54.1~47.6; 3. 厚度:7.0左右; 4. 宽度:50~100	采砂极严重，厚度极大，无粉质壤土夹层	1. 层顶高程:60.0~53.3; 2. 层底高程:57.2~42.7; 3. 厚度:6~10; 4. 宽度:60~120	采砂极严重，近戈庄桥附近厚小于2.8m,夹粉质壤土透镜体	1. 层顶高程:53.2~45.7; 2. 层底高程:44.8~42.5; 3. 厚度:8~9; 4. 宽度:100~150	采砂极严重，原河床宽仅50~80m,油坊桥附近覆上粉质壤土
11	46+798 ~ 48+826	1. 层顶高程:54.5~51.4; 2. 层底高程:50.3~44.1; 3. 厚度:4.0,局部达10; 4. 宽度:200~250	采砂极严重，厚度适中，下伏粉质壤土	1. 层顶高程:53.9~53.2; 2. 层底高程:42.7~40.7; 3. 厚度:6~12; 4. 宽度:100~180	采砂极严重，厚度极大，夹粉质壤土透镜体下伏粉质壤土	1. 层顶高程:48.5~45.7; 2. 层底高程:46.4~38.3; 3. 厚度:2~8; 4. 宽度:60~150	采砂极严重，层厚不均，采砂副料堆积于河床
12	48+826 ~ 52+475	1. 层顶高程:51.9~49.9; 2. 层底高程:47.7~36.1(未揭穿); 3. 厚度:大于10; 4. 宽度:200~300	采砂极严重，厚度极大，基本无粉质壤土	1. 层顶高程:53.2~47.1; 2. 层底高程:46.5~36.6; 3. 厚度:12/3; 4. 宽度:50~150	采砂极严重，层厚不均	1. 层顶高程:46.3~45.2; 2. 层底高程:43.2~38.3; 3. 平均厚度:2~4/8; 4. 宽度:80~100	采砂极严重，层厚不均，采砂副料堆积于河床
13	52+475 ~ 54+845	1. 层顶高程:49.9~46.75; 2. 层底高程:37.9~31.3; 3. 厚度:12~15; 4. 宽度:100~300	采砂极严重，厚度极大，未揭穿，夹粉质壤土透镜体	1. 层顶高程:47.1~42.3; 2. 层底高程:38.8~30.5; 3. 厚度:12/3; 4. 宽度:50~100	采砂极严重，层厚不均	基岩出露，基本无砂资源分布	

续表 4-4

序号	起止桩号	左河漫滩		右河漫滩		河床	
		分布范围(m)	地质评价	分布范围(m)	地质评价	分布范围(m)	地质评价
14	54+845 ~ 57+772	1.层顶高程:46.8~45.5; 2.层底高程:31.3~32.5(未揭穿); 3.厚度:11.5~15.5; 4.宽度:10~30	采砂极严重，厚度极大，未揭穿，G206附近夹粉质壤土尖灭层	1.层顶高程:42.3; 2.层底高程:38.8; 3.厚度:3.5; 4.宽度:20~50	采砂极严重，仅分布于封家岭村后附近，G206附近夹粉质壤土尖灭层	1.层顶高程:38.9~37.0; 2.层底高程:36.9~35.7; 3.厚度:2.0~1.3; 4.宽度:80~100	采砂严重，层厚较薄
15	57+772 ~ 60+300	1.层顶高程:45.5~39.6; 2.层底高程:32.5~31.9; 3.厚度:7.7~11.5; 4.宽度:30~80	未采砂，厚度极大，主要分布于南小庄西，上覆厚5.2粉质壤土	基本无砂资源分布		基本无砂资源分布	
16	60+300 ~ 61+600	基本无砂资源分布		基本无砂资源分布		分布于南小庄东，厚6.0	
17	61+600 ~ 68+795	1.层顶高程:40.6~33.5; 2.层底高程:31.5~25.1; 3.厚度:8~10; 4.宽度:30~50	采砂极严重，厚度极大，65+200~68+795上覆粉质壤土	1.层顶高程:40.3~38.1; 2.层底高程:36.8~23.8; 3.厚度:2.5~5.5/7~10; 4.宽度:30~50,局部小于20	采砂极严重，层厚不均，夹粉质壤土透镜体	1.层顶高程:32.3~26.5; 2.层底高程:26.8~24.5; 3.厚度:2~5; 4.宽度:150~200	采砂极严重，河床较适中，层厚不均

表 4-5　砂资源分段颗粒分析试验成果

序号	起止桩号	左河漫滩 主要粒组（mm）及含量（%）				左河漫滩 岩性	右河漫滩 主要粒组（mm）及含量（%）				右河漫滩 岩性	河床 岩性
		5~2	2~0.5	0.5~0.25	0.25~0.075		5~2	2~0.5	0.5~0.25	0.25~0.075		
1	1+660~3+148	23~56	16~65	4~20	3~20	砾砂，粗砂，WCZQZ38附近主要是砾石，粒径小于0.075 mm 的细粒含量占1%~7%	15~18	25~40	10~25	8~16	砾砂，粗砂，粒径小于0.075 mm 的细粒含量占5%~8%	砂砾，粗砂
2	3+148~4+875	23~35	32~55	13~22	10~16	粗砂，砾砂，WCZQZ37底部主要为卵石层，粒径小于0.075 mm 的细粒含量占2%~8%	10~25	10~40	10~35	8~22	砾石，砾砂，粗砂混杂，粒径小于0.075 mm 的细粒含量占3%~25%	砂砾石
3	4+875~9+806	25~55	16~58	10~35	8~25	中粗砂，砾砂，WCZQZ35附近主要是砾石，粒径小于0.075 mm 的细粒含量高达2%~20%	10~23	10~40	14~20	10~18	砾石，砾砂，粗砂，粒径小于0.075 mm 的细粒含量占4.0%~8.0%	砂砾石
4	9+806~17+818	18~55	18~70	10~40	7~30	粗砂，砾砂，砾石混杂，粒径小于0.075 mm 的细粒含量高达2%~12%	6~20	30~45	12~25	10~20	粗砂，砾石，中砂，粒径小于0.075 mm 的细粒含量占4.0%~12.0%	粗砂，中砂，砾砂
5	17+818~24+905	18~23	18~58	13~35	9~30	粗砂，砾石，中砂，粒径小于0.075 mm 的细粒含量高达2%~12%	8~40	20~50	14~33	12~20	粗砂，砾石，中砂，粒径小于0.075 mm 的细粒含量占2.0%~10.0%	粗砂，砾石，中砂

续表 4-5

序号	起止桩号	左河漫滩					右河漫滩					河床
		主要粒组（mm）及含量（%）				岩性	主要粒组（mm）及含量（%）				岩性	岩性
		5~2	2~0.5	0.5~0.25	0.25~0.075		5~2	2~0.5	0.5~0.25	0.25~0.075		
6	24+905~28+798	介于序号 5~7					8~22	35~50	13~23	10~15	粗砂，砾砂，粒径小于 0.075 mm 的细粒含量占 2.0%~9.0%	
7	28+798~36+572	20~26	15~50	10~20	7~20	粗砂，砾石，粒径小于 0.075 mm 的细粒含量占 2%~6%	15~30	30~45	13~30	10~30	粗砂，砾砂，粒径小于 0.075 mm 的细粒含量占 2.0%~9.0%	基本无砂砾层分布
8	36+572~39+217	12~26	15~60	18~33	12~22	砾石，砾砂，粗砂，中砂，粒径小于 0.075 mm 的细粒含量占 2%~9%	基本无砂资源分布					
9	39+217~43+656						20~28	10~48	6~15	8~10	仅分布于 WCZQY21，粗砂，砾石，粒径小于 0.075 mm 的细粒含量占 2%~6%	
10	43+656~46+798	12~56	12~58	8~30	6~25	砾石，粗砂，中砂，粒径小于 0.075 mm 的细粒含量占 2%~20%	18~30	50~55	10~15	4~9	砾砂，粗砂，粒径小于 0.075 mm 的细粒含量占 3%~5%	砂砾石
11	46+798~48+826	25~40	30~35	13~16	13~20	砾砂，粒径小于 0.075 mm 的细粒含量占 3%~7%	18~60	15~50	10~28	6~25	砾砂，粗砂，粒径小于 0.075 mm 的细粒含量占 3%~13%	砾砂
12	48+826~52+475	15~23	30~62	15~33	12~27	粗砂，中砂，粒径小于 0.075 mm 的细粒含量占 5%~10%	20~55	15~60	8~40	9~40	砾砂，粗砂，细砂，粒径小于 0.075 mm 的细粒含量占 4%~14%	粗砂，砾砂，中砂

续表 4-5

序号	起止桩号	左河漫滩					右河漫滩					河床
		主要粒组(mm)及含量(%)				岩性	主要粒组(mm)及含量(%)				岩性	岩性
		5~2	2~0.5	0.5~0.25	0.25~0.075		5~2	2~0.5	0.5~0.25	0.25~0.075		
13	52+475~54+845	20~30	25~60	15~53	10~28	粗砂、中砂,粒径小于 0.075 mm 的细粒含量占 4%~33%	—	25~40	15~60	10~60	中砂、细砂、砾砂,粒径小于 0.075 mm 的细粒含量占 5%~13%	粗砂、中砂
14	54+845~57+772	27~30	20~55	15~40	12~50	粗砂、中砂、细砂,粒径小于 0.075 mm 的细粒含量占 10%~20%	—	30~55	20~26	15~23	中砂、粗砂,粒径小于 0.075 mm 的细粒含量占 10%~22%	粗砂、中砂
15	57+772~60+300	—	18~60	17~40	13~33	粗砂、中砂,粒径小于 0.075 mm 的细粒含量占 7%~10%	基本无砂资源分布					基本无砂砾层分布
16	60+300~61+600	基本无砂资源分布					基本无砂资源分布					
17	61+600~68+795	—	48~56	25~40	13~87	粗砂、中砂、粉砂,粒径小于 0.075 mm 的细粒含量占 6%~23%	16~24	35~45	15~30	10~35	粗砂、中砂,粒径小于 0.075 mm 的细粒含量占 5%~15%	粗砂、中砂

4.4　可采区砂资源特征及质量

4.4.1　砂资源分布

依据:《中华人民共和国河道管理条例》《中华人民共和国水文条例》《中华人民共和国石油天然气管道保护法》《铁路运输安全保护条例》《公路安全保护条例》《〈电力设施保护条例〉实施细则》《山东省实施〈中华人民共和国河道管理条例〉办法(修正稿)》《山东省电力设施和电能保护条例》《山东省石油天然气管道保护办法》《潍坊市河道采砂管理办法》《潍坊市人民政府办公室关于加强潍河采砂管理保障河道行洪和工程安全的通知》《潍坊市防洪规划报告渠河部分》对河道保护范围及水工建筑物、水文测验断面、公路铁路桥梁、电力设施、穿河管道及对河道险工险段的保护范围及规定与划定,渠河全长63.2 km(河床桩号 1+660~64+840)的研究段,可采区总长度 15.6 km。其砂资源分布特征见表4-6。

4.4.2　砂资源颗粒组成

河道可采区砂资源分段颗粒分析试验成果见表4-7。

4.4.3　砂资源质量

可采区砂资源分段细度指标见表4-8,表中细度模数与平均粒径采用颗粒分析试验成果。

通过野外地质调查、钻探与室内试验,可采区砂资源分布从宽度、厚度与岩性(建材分类与平均粒径分类)、含泥量及细度等方面综合评价其质量(见表4-9)。

4.4.4　可开采量

由表 4-9 知,59+000~60+500 与 62+500~64+388 两处可采区砂资源质量差,在此不进行可开采量计算。其余 7 处可采区,即省道 S222 上游 3 处、下游 4 处,自上游至下游编号依次为 No.1~No.7。

4.4.4.1　No.1 可采区

No.1 可采区位于安丘市石埠子镇,采区平均长度约 150 m,平均宽度约 40 m,采区内无通信电缆、光缆、高压线等重要保护地物,采区上游约 0.8 km 处临河湾险工段。河床内开采为主,可开采量 2.8 万 m³。

4.4.4.2　No.2 可采区

No.2 可采区位于安丘市庵上镇,采区平均长度约 1.0 km,平均宽度约 100 m,采区内无通信电缆、光缆、高压线等重要保护地物,采区上游约 2.5 km 处临河湾险工段。左河漫滩开采为主,可开采量 8.6 万 m³。

表 4-6　砂资源分布特征

序号	起止桩号	左河漫滩		右河漫滩		河床	
		分布范围（m）	地质评价	分布范围（m）	地质评价	分布范围（m）	地质评价
1	18+760 ~ 18+908	1. 层顶高程：89.1~88.8；2. 层底高程：83.6~83.2；3. 厚度：5.5~5.6；4. 宽度：80~100	基本未采砂，厚度适中，宽度近100 m	1. 层顶高程：87.0~86.8；2. 层底高程：81.4~81.6；3. 厚度：5.6~5.2；4. 宽度：10~20	基本未采砂，厚度适中，宽度小于20 m	1. 层顶高程：87.3~86.9；2. 层底高程：84.4~84.1；3. 厚度：2.9~2.8；4. 宽度：80~100	基本未采砂，层厚较薄，宽度近100 m
2	26+010 ~ 27+063	1. 层顶高程：79.6~78.1；2. 层底高程：76.9~75.7；3. 厚度：2.7~2.4；4. 宽度：20~40	基本未采砂，厚度较薄，宽度小于40 m	1. 层顶高程：80.8~78.6；2. 层底高程：77.8~74.6；3. 厚度：3~4；4. 宽度：40~70	基本未采砂，宽度适中，厚度50 m左右	基本无砂资源分布	
3	32+000 ~ 34+000	1. 层顶高程：70.5~67.8；2. 层底高程：68.9~66.4；3. 厚度：1.6~1.4；4. 宽度：60~80	未采砂，厚度较薄，宽度70 m左右	1. 层顶高程：71.2~69.8；2. 层底高程：67.0~63.7；3. 厚度：6.5~4.2；4. 宽度：30~60	未采砂，厚度适中，宽度45 m左右	基本无砂资源分布	
4	39+467 ~ 41+000	1. 层顶高程：61.9~50.8；2. 层底高程：57.6~55.1；3. 厚度：4.3~5.7；4. 宽度：220~300	未采砂，宽度大于200 m，平均250 m左右	基本无砂资源分布		基本无砂资源分布	
5	43+000 ~ 44+473	1. 层顶高程：55.5~55.3；2. 层底高程：47.6~48.3；3. 厚度：7.0~7.7；4. 宽度：60~90	采砂严重，厚度极大，宽度大于60 m，平均75 m左右	1. 层顶高程：54.6~53.3；2. 层底高程：45.7~42.3；3. 厚度：9.0~10.5；4. 宽度：70~110	采砂严重，厚度极大，宽度大于100 m，平均90 m左右	1. 层顶高程：52.4~45.7；2. 层底高程：42.8~42.5；3. 厚度：9.6~3.2；4. 宽度：100~130	采砂严重，厚度不均，原河床宽60~70 m，现达100余 m

续表 4-6

序号	起止桩号	左河漫滩		右河漫滩		河床	
		分布范围（m）	地质评价	分布范围（m）	地质评价	分布范围（m）	地质评价
6	44+879 ~ 45+500	1. 层顶高程:55.0~54.5; 2. 层底高程:50.4~44.1; 3. 厚度:3.6~10.4; 4. 宽度:200~230	采砂严重,厚度极大,宽度大于200 m	1. 层顶高程:53.5~51.7; 2. 层底高程:41.9~40.1; 3. 厚度:7.0~9.0; 4. 宽度:100~160	采砂严重,厚度极大,宽度大于100 m	1. 层顶高程:45.7~46.5; 2. 层底高程:42.5~41.5; 3. 厚度:3.2~4.0; 4. 宽度:100~130	采砂严重,副料堆积于河床,厚度适中,宽度大于100 m
7	49+000 ~ 54+418	1. 层顶高程:49.0~45.1; 2. 层底高程:31.3~37.9; 3. 厚度:15.5~11.5; 4. 宽度:60~100	采砂严重,厚度极大,宽度90 m左右,局部小于50 m	1. 层顶高程:47.9~42.3; 2. 层底高程:45.7~30.5; 3. 厚度:2.1~14.2; 4. 宽度:10~50,局部40~70	采砂严重,厚度极大,宽度90 m左右,局部小于50 m	基本无砂资源分布	
8	59+000 ~ 60+500	1. 层顶高程:38.1~37.0; 2. 层底高程:26.4~32.1; 3. 厚度:6.0~12.5; 4. 宽度:30~60	采砂严重,厚度极大,宽度45 m左右	1. 层顶高程:40.3~39.6; 2. 层底高程:26.9~25.7; 3. 厚度:9.0~8.2; 4. 宽度:30~50	采砂严重,厚度极大,宽度45 m左右,夹粉质壤土透镜体	1. 层顶高程:32.3~30.6; 2. 层底高程:26.8~25.8; 3. 厚度:5.7~4.3; 4. 宽度:150~200	采砂严重,采坑遍布,厚度适中,大于150 m
9	62+500 ~ 64+338	1. 层顶高程:35.6~33.5; 2. 层底高程:27.3~24.1; 3. 厚度:8.3~7.5; 4. 宽度:30~50	采砂严重,厚度极大,平均宽度40 m左右,上覆厚2.7~4.5的粉质壤土	1. 层顶高程:38.7~38.3; 2. 层底高程:25.3~24.0; 3. 厚度:12.0~8.4; 4. 宽度:30~50	采砂严重,厚度极大,平均宽度40 m左右,夹厚4.0 m粉质壤土尖灭层	1. 层顶高程:28.3~29.7; 2. 层底高程:24.5~25.0; 3. 厚度:3.6~4.6; 4. 宽度:150~180	采砂严重,采坑遍布,厚度适中,大于150 m

表 4-7　河道可采区砂砂资源分段颗粒分析试验成果

序号	起止桩号	左河漫滩 主要粒组(mm)及含量(%)						岩性	右河漫滩 主要粒组(mm)及含量(%)					岩性	河床 岩性
		10~5	5~2	2~0.5	0.5~0.25	0.25~0.075	0.075~0.005		5~2	2~0.5	0.5~0.25	0.25~0.075	0.075~0.005		
1	18+760~18+908	14	23~18	14~74	9~35	7~88	3~12	粗砂,砾石,局部细砂,粒径小于0.075 mm的细粒含量高达3%~12%	6~36	20~40	14~33	10~20	3~10	砾石,粗砂,中砂,分选差,粒径小于0.075 mm的细粒含量高达3%~10%	粗砂、中砂混石、杂
2	26+010~27+063	41	20~26	15~50	10~20	7~20	2~6	粗砂,砾石,分选较差,粒径小于0.075 mm的细粒含量2%~6%	15~22	35~50	13~23	10~15	2~9	粗砂,砾砂,分选较差,粒径小于0.075 mm的细粒含量高达2%~9%	基本无砂砾层分布
3	32+000~34+000	41	26	14	10	7	2	砾石,粗砂,砾砂,分选较差	20~28	15~55	10~35	6~45	3~24	砾石,砾砂,粗砂,细砂分选差,粒径0.075 mm的细粒含量高达3%~24%	基本无砂砾层分布
4	39+467~41+000	10	15	10~63	16~24	12~90	4~10	砾石,粗砂,细砂,分选差,粒径小于0.075 mm的细粒含量高达4%~10%	基本无砂资源分布						基本无砂砾层分布
5	43+000~44+473	13	38~60	12~28	7~33	6~40	2~28	砾砂,中砂,粉砂,分选较差,粒径小于0.075 mm的细粒含量高达2%~28%	18~30	50~55	10~14	4~58	3~42	砾砂,粗砂,分选较差,粒径小于0.075 mm的细粒含量高达3%~42%	砾砂、砾砂、石、粗砂

续表 4-7

序号	起止桩号	左河漫滩 主要粒组(mm)及含量(%)						左河漫滩 岩性	右河漫滩 主要粒组(mm)及含量(%)					右河漫滩 岩性	河床 岩性
		10~5	5~2	2~0.5	0.5~0.25	0.25~0.075	0.075~0.005		5~2	2~0.5	0.5~0.25	0.25~0.075	0.075~0.005		
6	44+879~ 45+500	—	24~ 27	35~ 63	15~ 20	12~ 14	5~ 10	粗砂, 砾砂, 分选较差, 粒径小于 0.075 mm 的细粒含量高达 5%~10%	18~ 28	52~ 55	10~ 13	6~ 9	3~ 5	砾砂, 粗砂, 分选较差, 粒径小于 0.075 mm 的细粒含量 3%~5%	粗砂、砾砂
7	49+000~ 54+418	—	16~ 30	20~ 60	15~ 55	8~ 50	4~ 30	粗砂, 砾砂, 中砂, 可分为三个亚区, 见表4-8	—	25~ 55	20~ 40	15~ 40	7~ 22	中砂, 细砂, 可分为三个亚区, 见表4-8	基本无砂砾层分布
8	59+000~ 60+500	—	56	25	13~ 87	5~ 13		粗砂, 细砂, 粒径小于 0.075 mm 的细粒含量达 5%~13%	—	40~ 46	20~ 28	21~ 68	8~ 32	中砂, 粉砂, 粒径小于 0.075 mm 的细粒含量达 8%~32%	中砂、粗砂、细砂
9	62+500~ 64+388	—	48	25~ 40	15~ 53	10~ 23		中砂, 细砂, 粉砂, 粒径小于 0.075 mm 的细粒含量高达 10%~23%	18~ 23	35~ 45	15~ 20	10~ 15	5~ 10	粗砂, 中砂, 细砂, 粒径小于 0.075 mm 的细粒含量 5%~14%	粗砂、中砂、细砂

表 4-8　可采区砂资源分段细度指标

序号	起止桩号	左河漫滩			右河漫滩		
		孔号	FM	$\overline{D}$	孔号	FM	$\overline{D}$
1	18+760~ 18+908	WCZQZ19	0.1/3.0/4.1	0.22/0.45/0.52	WCZQY31	3.5	0.44
		WCZQZ21	1.5/2.7	0.34/0.48	WCZQY32	1.8/2.5	0.35/0.39
2	26+010~ 27+063	WCZQZ18	4.0	0.51	WCZQY28	2.4/3.3	0.40/0.44
		WCZQZ20	3.0/2.7/2.6	0.42/0.38/0.37	WCZQY29	3.1	0.45
3	32+000~ 34+000	WCZQZ18	4.0	0.51	WCZQY24	1.6/3.9	0.30/0.52
					WCZQY25	0.7/3.0/3.0	0.26/0.48/0.45
4	39+467~ 41+000	WCZQZ17	0.2/2.3/4.0	0.22/0.41/0.50	基本无砂资源分布		
5	43+000~ 44+473	WCZQZ13	3.8/0.7/1.3	0.55/0.26/0.33	WCZQY19	2.9/3.3	0.43/0.53
		WCZQZ14	3.8/3.4	0.59/0.43	WCZQY20	0.1/3.3	0.22/0.53
6	44+879~ 45+500	WCZQZ11	2.7/3.1	0.39/0.36	WCZQY19	2.9/3.3	0.43/0.53
		WCZQZ12	3.2	0.42			
7	49+000~ 54+418	WCZQZ1	1.2/1.6/ 1.9/0.9	0.31/0.35/ 0.45/0.25	WCZQY1	2.5	0.38
		WCZQZ3	0.9/1.9/ 2.7/2.5	0.25/0.43/ 0.37/0.40	WCZQY3	2.0/1.4	0.40/0.27
		WCZQZ4	2.8/2.7/2.5/ 2.6/2.1	0.38/0.39/ 0.38/0.50/0.41			
		WCZQZ5	1.1/1.0	0.29/0.32	WCZQY4	1.1/1.5/0.8	0.26/0.30/0.25
		WCZQZ6	1.0/3.5/1.5	0.33/0.52/ 0.33	WCZQY5	3.1	0.48
		WCZQZ7	1.5/2.2/ 2.0/1.6	0.31/0.43/ 0.46/0.32			
8	59+000 ~ 60+500	WCZQZ49	2.2	0.40	WCZQY42	3.5	0.44
					WCZQY45	1.8	0.35
		WCZQZ57	0.1	0.22	WCZQY46	0.2/1.9	0.22/0.35
9	62+500~ 64+388	WCZQZ53	0.9	0.27	WCZQY51	2.6/2.7	0.41/0.40
		WCZQZ55	0.8	0.25	WCZQY52	2.8/2.6	0.45/0.41
		WCZQZ56	2.0	0.38	WCZQY53	2.8/2.9/2.3	0.44/0.46/0.41

表 4-9　可采区砂资源质量评价

序号	段别	左河漫滩	右河漫滩	河床
1	18+760 ~ 18+908	1. 宽 80~100 m,比较宽; 2. 厚 5.5~5.6,厚度适中; 3. 按建材分类属细砂、中砂、极粗砂; 4. 平均粒径 0.37~0.51 mm,符合,属中砂、粗砂; 5. 细度模数 2.6~4.0,较符合,属中砂、粗砂; 6. 含泥量达 3%~12%,大于允许值 3%; 评价:细度较符合,质量较好	1. 宽 10~20 m,比较窄; 2. 厚 5.6~5.2 m,厚度适中; 3. 按建材分类属细砂、中砂、极粗砂; 4. 平均粒径 0.35~0.44 mm,符合,属中砂; 5. 细度模数 1.8~3.5,较符合,属中砂、细砂; 6. 含泥量达 3%~10%,大于允许值 3%; 评价:细度较符合,质量较好,但宽度小于 20 m,若开采较影响岸坡稳定	1. 宽度近百米; 2. 厚度小于 3 m; 3. 分选性差; 4. 细度较符合; 评价:质量较好
2	26+010 ~ 27+063	1. 宽 20~40 m,较窄; 2. 厚 2.7~2.4 m,厚度较薄; 3. 按建材分类属细砂、中砂与极粗砂; 4. 平均粒径 0.37~0.51 mm,符合,属粗砂、中砂; 5. 细度模数 2.6~4.0,较符合,属中砂、粗砂; 6. 含泥量 2%~6%,大于允许值 3%; 评价:细度符合,质量较好	1. 宽 40~70 m,较宽; 2. 厚 3~4 m,厚度较适中; 3. 按建材分类属细砂、中砂; 4. 平均粒径 0.40~0.45 mm,符合,主要属中砂; 5. 细度模数 2.4~3.3,符合,主要属中砂; 6. 含泥量 2%~9%,大于允许值 3%; 评价:细度符合,质量较好	基本无砂砾层分布
3	32+000~ 34+000	1. 宽 60~80 m,较宽; 2. 厚 1.6~1.4 m,厚度比较薄; 3. 按建材分类属极粗砂; 4. 平均粒径 0.51 mm,较不符合,属粗砂; 5. 细度模数 4.0,不符合,属粗砂; 6. 含泥量 2%,小于允许值 3%; 评价:细度较不符合,质量较差	1. 宽 30~60 m,较宽; 2. 厚 6.5~4.2 m,厚度适中; 3. 按建材分类属中砂、细砂,局部微细砂; 4. 平均粒径 0.26~0.52 mm,除去极值,平均 0.41 mm,较符合,属中砂、粗砂; 5. 细度模数 0.7~3.9,除去极值,平均 2.5,刚好符合,属中砂; 6. 含泥量达 3%~6%,个别达 24%,大于允许值 3%; 评价:细度较符合,质量较好	基本无砂砾层分布

续表 4-9

序号	段别	左河漫滩	右河漫滩	河床
4	39+467 ~ 41+000	1. 宽 220~300 m,比较宽; 2. 厚 4.3~5.7 m,厚度适中; 3. 按建材分类属细砂、微细砂、细砾; 4. 平均粒径 0.22 mm、0.41 mm、0.50 mm,较符合,属粗砂、中砂; 5. 细度模数 2.3、4.0,小者仅 0.2,基本不符合,属中砂、粗砂; 6. 含泥量达 4%~9%,大于允许值 3%; 评价:细度较符合,质量较好	基本无砂资源分布	基本无砂砾层分布
5	43+000 ~ 44+473	1. 宽 60~90 m,较宽; 2. 厚 7.0~7.76 m,厚度极大; 3. 按建材分类属中砂、微细砂; 4. 平均粒径 0.26~0.59 mm,基本不符合; 5. 细度模数 0.7~3.8,基本不符合,粗中细砂均有分布; 6. 含泥量达 2%~28%,大于允许值 3%; 评价:细度基本不符合,质量差	1. 宽 70~110 m,比较宽; 2. 厚 9.0~10.5 m,厚度极大; 3. 按建材分类属中砂,局部微细砂; 4. 平均粒径 0.22~0.53 mm,基本不符合,粗中细砂均有分布; 5. 细度模数 0.1~3.3,基本符合; 6. 含泥量达 3%~5%,大者达 42%,大于允许值 3%; 评价:细度较符合,质量较好	1. 宽度百余米; 2. 厚度不均,9.6~3.2 m; 3. 细度较符合; 评价:质量较差
6	44+879 ~ 45+500	1. 宽 200~230 m,比较宽; 2. 厚 3.6~10.4 m,厚度极大; 3. 按建材分类属中砂; 4. 平均粒径 0.36~0.42 mm,符合,属中砂; 5. 细度模数 2.7~3.2,符合,属中砂; 6. 含泥量 5%~10%,大于允许值 3%; 评价:细度符合,质量较好	1. 宽 100~160 m,比较宽; 2. 厚 7.0~9.0 m,厚度极大; 3. 按建材分类属中砂、极粗砂、微细砂; 4. 平均粒径 0.43~0.53 mm,较符合,属粗砂; 5. 细度模数 2.9~3.3,符合,属中砂、粗砂; 6. 含泥量 3%~5%,大于允许值 3%; 评价:细度符合,质量较好	1. 宽度百余米; 2. 厚度不均,3.0~4.2 m,采砂副料堆积于河床; 3. 细度符合; 评价:质量较好

续表 4-9

序号	段别	左河漫滩	右河漫滩	河床
7	49+000 ~ 54+418	1. 宽 60~100 m,比较宽; 2. 厚 15.5~11.5 m,厚度极大; 3. 按建材分类主要属细砂,其次为微细砂; 4. 平均粒径 0.25~0.50 mm,符合者占 55%,较符合; 5. 细度模数 0.9~3.5,符合者占 27%; 6. 含泥量达 3%~33%,大于允许值 3%; 评价:细度较符合,质量较好	1. 宽 10~50 m,较窄; 2. 厚 2.1~14.2 m,厚度不均; 3. 按建材分类主要属微细砂、细砂; 4. 平均粒径 0.25~0.48 mm,符合者占 43%; 5. 细度模数 0.8~3.1,符合者占 29%; 6. 含泥量达 5%~21%,大于允许值 3%; 评价:细度基本不符合,质量较差	基本无砂砾层分布
8	59+000 ~ 60+500	1. 宽 30~60 m,较窄; 2. 厚 6.0~12.5 m,厚度极大; 3. 按建材分类属细砂、微细砂; 4. 平均粒径 0.22 mm、0.40 mm,基本不符合; 5. 细度模数 0.1、2.2,不符合; 6. 含泥量 5%~13%,大于允许值 3%; 评价:细度基本不符合,质量较差	1. 宽 30~50 m,较宽; 2. 厚 9.0~8.2 m,厚度极大; 3. 按建材分类属细砂、微细砂、中砂; 4. 平均粒径 0.22~0.44 mm,符合者占 25%; 5. 细度模数 0.2~3.5,符合者占 25%; 6. 含泥量达 8%~32%,大于允许值 3%; 评价:细度基本不符合,含泥量甚高,质量差	1. 宽度大于 150 m; 2. 厚度适中,5.7~4.3 m; 3. 细度基本不符合; 评价:质量差
9	62+500 ~ 64+388	1. 宽 30~50 m,较窄; 2. 厚 8.3~7.5 m,厚度极大; 3. 按建材分类属微细砂、细砂; 4. 平均粒径 0.25~0.38 mm,基本不符合; 5. 细度模数 0.8~2.0,不符合; 6. 含泥量达 10%~23%,大于允许值 3%; 评价:细度基本不符合,含泥量甚高,质量差	1. 宽 30~50 m,比较宽; 2. 厚 12.0~8.4 m,厚度极大; 3. 按建材分类属细砂、中砂; 4. 平均粒径 0.40~0.46 mm,符合; 5. 细度模数 2.3~2.9,符合者占 86%; 6. 含泥量达 5%~14%,大于允许值 3%; 评价:细度符合,含泥量高者达 14%,质量较好	1. 宽度大于 150 m; 2. 厚度较适中,3.6~4.6 m; 3. 细度基本不符合; 评价:质量差

4.4.4.3　No.3 可采区

No.3 可采区位于安丘市庵上镇,采区平均长度约 2 km,平均宽度约 200 m,采区内无通信电缆、光缆、高压线等重要保护地物,采区上游约 0.5 km 处临河湾险工段。左河漫滩开采为主,可开采量 19.3 万 m³。

4.4.4.4　No.4 可采区

No.4 可采区位于诸城市石桥子镇,采区平均长度约 1.50 km,平均宽度约 350 m,采区内无通信电缆、光缆、高压线等重要保护地物,采区上游约 1.5 km 处有拦河坝一座。左河漫滩开采为主,可开采量 21.8 万 m³。

4.4.4.5　No.5 可采区

No.5 可采区位于诸城市石桥子镇,采区平均长度约 1.5 km,平均宽度约 500 m,采区内无通信电缆、光缆、高压线等重要保护地物,下游 0.5 km 处有一过河便道。河床与左右河漫滩开采,可开采量 538.5 万 m³。

4.4.4.6　No.6 可采区

No.6 可采区位于诸城市石桥子镇,采区平均长度约 0.6 km,平均宽度约 330 m,采区内无通信电缆、光缆、高压线等重要保护地物,采区上游约 0.5 km 处有一过河便道,下游约 1.2 km 处临河湾险工段。河床与左右河漫滩开采,可开采量 97.1 万 m³。

4.4.4.7　No.7 可采区

No.7 可采区位于安丘市景芝镇,采区平均长度约 5.4 km,平均宽度约 600 m,采区内无通信电缆、光缆、高压线等重要保护地物,采区上游约 1.5 km 处有一过河便道。左河漫滩开采为主,可开采量 1 369.6 万 m³。

4.5　小　结

4.5.1　地质条件

4.5.1.1　地形地貌

研究河段地形自西南向东北由高到低。孔家庄桥—石埠子村东北的后里村段属丘陵区,后里村—峡山水库段属平原区。

4.5.1.2　地层岩性

沿河两侧广泛发育第四纪地层,分布于现代河床、阶地及山前冲洪积平原,山丘区主要为晚更新统大站组与全新统临沂组,平原区主要为全新统沂河组。基岩主要为白垩系下统青山群方戈庄组、八亩地组与大盛群田家楼组及马朗沟组。

4.5.1.3　河谷结构及特征

(1)1+660～9+806:属成形谷,河床窄而深,河漫滩发育,阶地发育,无堤防;河谷受采砂影响严重,河床下挖 1.5～3.5 m,局部达 6 m 之巨;采砂副料堆积于其内;河床、河漫滩较规则,似人工渠化的河道;岸坡裸露,坡度大于 50°～60°,严重影响岸坡安全。

(2)9+806～43+656:属成形谷,河床宽而浅,达 100 余 m,河漫滩发育,无堤防;基本无砂砾层分布,基岩较浅,部分河段出露;岸坡为砂质、石质,坡体较好。

（3）43+646~57+772：属成形谷，河床宽而浅，河漫滩发育，大部为简易土堤；河谷受采砂影响严重，局部影响到堤防安全。河床宽达 100 余 m，局部达 200 m，采砂副料堆积于河床；河漫滩大部宽 100 m，甚至达 300 m，全部被耕植；岸坡主要为土质与砂质，后者夹有薄层粉质壤土，受采砂影响，大部分河段坡体裸露，呈直立状。

（4）57+772~60+300：属成形谷，河床宽而浅，河漫滩发育，土堤较完整；基本无砂砾层分布，河床宽而浅，宽达 100 m 左右，主要为粉质壤土，下伏泥岩；岸坡为土质，自然缓坡。

（5）60+300~68+795：属成形谷，河床宽而深，河漫滩发育，土堤较完整；河谷受采砂影响严重，局部影响到堤防安全。勘察期间水面宽达 200 m，与河床等宽，水深达 8 余 m；河漫滩宽度小于 50 m，局部小于 20 m，堆积物主要为砂质，夹薄层粉质壤土；岸坡主要为砂质，夹薄层粉质壤土，坡体裸露，基本呈直立状，局部已水下失稳。

4.5.2　砂资源特征

4.5.2.1　泥沙来源

王庄以上河段属强隆起区，尤其李家沟拦河坝以上段河谷呈 V 形，河床强烈下切；王庄—石埠子段河谷呈双 S 形，河床较宽流水散乱，边滩心滩发育；石埠子—峡山水库入汇段属拗陷区，接受河流上游切割碎屑物的沉积；G206 国道以西部分河段河床基岩出露。

泥沙来源是河流上游或两岸的滩地冲刷挟带的悬移质、推移质的沉积以及过去长期沉积形成的滩地。中华人民共和国成立后，上游修建了数座中小型水库，致径流量锐减，部分河段甚至断流，基本失去泥沙造床功能。

4.5.2.2　砂砾石来源

根据流经地岩性及砂砾来源，将渠河分为 4 段：段 1，源头—圈里乡东的北代庄段，岩性主要为花岗岩、玄武岩、粉砂岩与砾岩；段 2，圈里乡东的北代庄—李家沟拦河坝段，岩性主要为各类花岗岩、闪长岩；段 3，李家沟拦河坝—S222 省道桥，岩性主要为安山岩、火山碎屑岩、砂岩、灰岩；段 4，S222 省道桥—沂胶路桥，岩性主要为砂岩、页岩、凝灰岩。

砂砾的母岩主要是花岗岩类、砾岩、砂岩类。段 1 流经山区，岩性主要是花岗岩、玄武岩、砾岩、砂岩，成为砂砾的主要来源。段 2 流经山区，岩性主要为花岗岩类，主要包括多种花岗岩与闪长岩，此段花岗岩类成为渠河最主要的砂砾来源。

4.5.2.3　河道砂资源特征

（1）1+660~9+806：受采砂影响严重。岩性主要为砾石、砾砂、粗砂，河漫滩厚 5~8 m，河床厚 4~7 m，宽度小于 20~40 m，受采砂影响严重，表层为采砂副料。

（2）9+806~43+656：基本未受采砂影响。岩性主要为砾石、粗砂，河漫滩厚仅 2~4 m，基本未受采砂影响，河床基本无分布，基岩出露。

（3）43+656~57+772：受采砂影响严重。岩性主要为砾砂、粗砂、中砂，河漫滩厚 10 m 左右，局部小于 3 m，河床厚度不均，大者 8 m，小者小于 2 m，东阡里—郭岗村附近无分布，基岩出露。

（4）57+772~60+300：仅分布于左河漫滩，厚度 10 余 m，岩性主要为粗砂、中砂；右河漫滩与河床基本无分布，主要分布为粉质壤土。

(5)60+300~61+600:基本无砂砾层分布,主要分布为粉质壤土。

(6)61+600~68+795:受采砂影响严重。岩性主要为中粗砂,河漫滩厚近 10 m,河床厚度小于 5 m,采坑遍布,因过度采砂,水深达 8 m。

4.5.3 可采区砂资源特征、质量及可开采量

河段全长 63.2 km,可采区长度共 15.6 km,划分成 9 段:1+660~36+572[(18+760~18+908(①)、26+010~27+063(②)、32+000~34+000(③)]、36+572~57+772[39+467~41+000(④)、43+000~44+473(⑤)、44+879~45+500(⑥)、49+000~54+418(⑦)]、57+772~64+840[59+000~60+500(⑧)、62+500~64+338(⑨)]。

4.5.3.1 砂资源特征及颗粒组成

(1)1+660~36+572(①~③):基本未受采砂影响。河漫滩厚度按上述桩号分别为 5~6 m(①)/3~4 m/1.5 m(③左)与 5 m(③右),宽度不均,大者近 100 m,小者 40 m 左右。河床仅分布在 18+760~18+908(①),宽度近 100 m。岩性主要为粗砂、砾石,含泥量较高。

(2)36+572~57+772(④~⑦):受采砂影响严重。河漫滩厚度 4.3~5.7 m(④左)/7~10 m(⑤)/4~9 m(⑥)/大于 10 m(⑦左)与 2~14 m(⑦右)。39+467~41+000(④)右河漫滩基本无分布,49+000~54+418(⑦)右河漫滩厚度不均,中间厚大于 10 m,两侧厚小于 1.5 m,宽度不均,大者 200 m,小者小于 100 m。河床仅分布于 43+000~44+473(⑤)与 44+879~45+500(⑥),厚度分别为 3~9 m 与 3~4 m,宽度为 100~130 m。岩性主要为砾石、粗砂、粗砂、中砂,含泥量比较高。

(3)57+772~64+840(⑧~⑨):受采砂影响严重。河漫滩厚度 6~12 m(⑧左)与 8~9 m(⑧右)/7.5~8.3 m(⑨左)与 8~12 m(⑨右),宽度均为 30~50 m。河床厚度 5.7~4.3 m(⑧)/3.6~4.6 m(⑨),宽度均为 150~200 m。岩性主要为粗砂、中砂及细砂,含泥量比较高。

4.5.3.2 砂资源质量

岩性(建材分类与平均粒径分类)、含泥量及细度等方面综合评价其质量。建筑用砂细度模数宜 2.5~3.5,平均粒径宜 3.6~5.0 mm。

1.1+660~36+572(①~③)

平均粒径 0.35~0.52 mm,基本符合,属粗砂、中砂;细度模数 0.7~4.0,除去极值,基本不符合,属粗砂、中砂;含泥量 2%~12%,大于允许值 3%。综合评价该三段可采区砂砾细度基本符合,质量较好。

2.36+572~57+772(④~⑦)

39+467~41+000(④)左河漫有分布,平均粒径 0.22~0.50 mm,较符合,属粗砂、中砂;含泥量 4%~9%,细度较符合,质量较好;右侧无分布。

43+000~44+473(⑤)左河漫滩平均粒径 0.26~0.59 mm,基本不符合,细度模数 0.7~3.8,属粗砂、中砂,基本不符合,细度基本不符合,质量差;右河漫滩平均粒径 0.22~0.53 mm,基本不符合,细度模数 0.1~3.3,细度基本符合,质量较好。

44+879~45+500(⑥)平均粒径 0.36~0.53 mm,属中砂、粗砂,细度模数 2.7~3.3,基

本符合,含泥量 3% ~ 10%。综合评价,⑥细度基本符合,质量较好。

49+000~54+418(⑦)左河漫滩平均粒径 0.25 ~ 0.50 mm,符合者占 55%,右河漫滩平均粒径 0.25 ~ 0.48 mm。含泥量分别为 3% ~ 33% 与 5% ~ 21%。综合评价,⑦左河漫滩细度较符合,质量较好;右河漫滩平均粒径 0.22 ~ 0.48 mm,符合者占 43%,细度模数 0.9 ~ 3.8,符合者仅占 23%,右河漫滩细度基本不符合,质量较差。

3.57+772~64+840(⑧~⑨)

59+000~60+500(⑧)段平均粒径 0.22 ~ 0.42 mm,符合者占 33%,细度模数 0.1 ~ 3.5,符合者仅占 17%,细度基本不符合,质量差。

62+500~64+388(⑨)段左河漫滩平均粒径 0.25 ~ 0.38 mm,细度模数 0.8 ~ 2.0,细度基本不符合,质量差;右河漫滩平均粒径 0.40 ~ 0.46 mm,细度模数 2.3 ~ 2.9,细度符合,质量较好。此两段总体质量差。

4.5.3.3　可开采量

No.1(①)可开采量 2.8 万 m³,河床开采;No.2(②)可开采量 8.6 万 m³,左、右河漫滩开采;No.3(③)可开采量 19.3 万 m³,左、右河漫滩开采;No.4(④)可开采量 21.8 万 m³,左河漫滩开采;No.5(⑤)可开采量 538.5 万 m³,河床与左、右河漫滩开采;No.6(⑥)可开采量 97.1 万 m³,河床与左、右河漫滩可采;No.7(⑦)可开采量 1 369.6 万 m³,左河漫滩开采。

第 5 章　支流汶河砂资源研究

汶河发源于临朐县沂山东麓,经临朐、昌乐两县流入安丘市境,于坊子区黄旗堡街道办事处东北角夹河套村东北汇入潍河,全长 110 km,流域面积 1 687.3 km²,主要流域在安丘市境内,是潍河的最大支流,同时还是安丘市的母亲河。源头—大关乡段,流向基本西—东向;大关乡—蒋峪东段,流向南—北向;蒋峪东—白塔乡池子村附近段,流向基本呈西—东向,以上河段均在临朐县境内;池子村北—高崖村,流向南西—北东向,该段在昌乐县境内;高崖村—大盛镇刘家西部村北段,流向北西—南东,为安丘市与昌乐县的界河;刘家西部村北—凌河镇偕护村北段,流向南西—北东,为安丘市与昌乐县的界河;凌河镇偕护村北—大王皋村南段,流向南西—北东,流经凌河街道办事处、关王镇、安丘县城、贾戈镇、刘家尧镇,此段在安丘市境内;大王皋村南—夹河套村东北潍河入汇处段,流向南西—北东,流经坊安街道办事处、黄旗堡街道办事处,此段在坊子区境内。较大支流有 16 条,其中二级支流有孟津河、东皋河、吕家河、红河、张朱河、小汶河等 6 条;三级支流有漳河、九曲河、肖家河、西庵河、庄皋河、周家河、龙女河、孝水河、崖头河、王俊河等。

汶河砂资源研究河段自高崖水库兴利水位 153.00 m 始,即水库上游洛村漫水桥(0+000)处,止于夹河套村北潍河入汇处(81+796),全长 81.8 km。

5.1　河段地质条件

5.1.1　地形地貌

5.1.1.1　**地形**

研究河段地形自西南向东北由高变低,池子村北—凌河街道办事处附近属丘陵区,区内最高山为留山,高程441.9 m;最低山为鄜部镇东的大崖埠顶,高程216.9 m,高差225.0 m,凌河街道办事处附近—潍河入汇处属平原区,区内最低点为夹河套村北汶河右岸,高程 21.0 m,高差 195.9 m。

5.1.1.2　**地貌**

(1)池子村北—凌河街道办事处附近属剥蚀堆积地形的残丘丘陵区,河流下蚀、侧蚀作用弱,形成低缓的丘陵地貌。总体流向自南西流向北东。池子村—高崖水库段,河势较稳定,左阶地发育,宽 300~1 000 m,右侧为山体;高崖水库—凌河街道办事处附近,阶地发育,左侧宽达 1 000~3 000 m,右侧宽 800~3 000 m。

(2)凌河街道办事处附近—潍河入汇处段属堆积地貌类型的山前冲洪积平原。河势稳定,流向呈南西—北东走向。

5.1.2　地层岩性

沿河两侧广泛发育第四系地层,分布于现代河床、阶地及山前冲洪积平原,主要有全新统沂河组(Qhy)、白云湖组(Qhb)、临沂组(Qhl)与晚更新统大站组(Qpd);基岩主要有白垩系下统王氏群林家庄组(K_1lj),大盛群寺前村组(K_1s)、田家楼组(K_1t)、马朗沟组(K_1ml),青山群八亩地组(K_1b)以及早元古界与晚太古界侵入岩。地层岩性及分布详见表 5-1。

表 5-1　汶河两岸地层岩性及分布

年代地层			岩石地层			岩性	分布范围
界	系	统	群	组	代号		
新生界	第四系	全新统		沂河组	Qhy	河流相, 黄色砂砾、粉砂	现代汶河河床、 河漫滩、低漫滩
				白云湖组	Qhb	湖积泥、粉砂	呈峡长带状分布, 左岸:白塔乡附近; 右岸:池子村—高崖水库大坝
				临沂组	Qhl	坡积相,黄色亚砂土 夹透镜状砂砾	现代汶河阶地
		晚更新统		大站组	Qpd	黄色、褐黄色砂质 黏土,局部含砾石	左岸:池子村—西后韩家庄后、 高崖东—李家庄西、 姚家庄东—辛庄子西、牟山水库西, 右岸:西山北头—王家赤埠东
	古近系	始新统	五图群	朱壁店组	E_1z	粉砂质泥岩、 粉砂岩、砾岩	左岸:陈家菜园附近、 稻汙—彭家洼西; 右岸:王家赤埠—蒲家埠西
中生界	白垩系	下统	王氏群	林家庄组	K_1lj	灰色砾岩夹紫色细砂岩	右岸:大近戈庄村东
			大盛群	寺前村组	K_1s	紫灰色砾岩、砾岩	右岸:大盛镇东
				田家楼组	K_1t	黄绿色细砂岩、粉砂岩	右岸:上马疃村附近、大官庄村南
				马朗沟组	K_1ml	紫灰色砾岩夹沸石岩	左岸:清风里村西
			青山群	八亩地组	K_1b	流纹质凝灰岩 熔结凝灰岩	左岸:刘家尧南—南流
早元古界	—	—	—	—	$X\eta\gamma_2$	中粒二长花岗岩	左岸:高崖水库北坝头附近

续表 5-1

年代地层			岩石地层			岩性	分布范围
界	系	统	群	组	代号		
晚太古代	—	—	—	—	$J\eta\gamma_2$	中粗粒二长花岗岩	左岸:山坡村北; 右岸:中山子村—高崖水库大坝、 高崖水库大坝南 2 km、 西山北头—王家赤埠东
—	—	—	—	—	$F\gamma\delta_1$	花岗闪长岩	左岸:白塔乡—卧铺村; 右岸:池子村北—高崖水库大坝

5.1.3　河道演变

5.1.3.1　历史时期演变

汶河,古称汶水,是潍河主要支流,源出临朐县沂山东麓百丈崖瀑布之桑泉,因桑泉水俗称汶水,故名汶河。古老的汶河水从远古至今润泽着安丘的土地,迁徙的氏族部落择地而居,汶河两岸为冲积平原,土质肥沃,适宜居住,人们便在这里生存,繁衍子孙,同时创造了安丘的古代文明。史载,汶河下游的杞城,夏禹的后代就在这里生活,西周初为淳于国都城,公元前 707 年杞国,设国都于此。西汉在此设淳于县。汶河与潍河交汇处有着丰富的新石器时代文化遗址群。汶河中游的牟山北有安丘故城址,西汉初为安丘侯国都邑。东汉初为安丘县治所。公元 556 年安丘并入昌安县后,改称牟乡城。596 年隋于此置牟山县,606 年隋又改称安丘县,607 年安丘治所移至平昌县城,此城渐废,共有 800 余年的历史,现该遗址已淹没于牟山水库中,在牟山南凌河镇董家庄村北。

"汶河"之名,最早见于《淮南子·地形训》和《前汉地理志》。《前汉地理志》载:琅琊郡朱虚县东泰山,汶水所出东至安丘入潍。《水经注》载:汶水出朱虚县泰山。

5.1.3.2　近期演变及趋势

汶河河道比降陡、水流急,牟山水库以下河段蜿蜒曲折,险工较多,历史上曾多次决口。1957 年 7 月 19 日,北苏庄头水文站测得最大洪峰流量达 5 410 m³/s,其上游决口 16处。牟山水库修建后对拦洪、缓洪、削减洪峰起到了关键作用。汶河两岸安丘、昌乐两县多次组织治理汶河,疏挖河道、加固堤防、整修险工、险段,使汶河河道的防洪标准大大提高。

1952~1985 年昌乐县人民政府治理汶河近 20 次,其中 1952 年自高崖至北皋营段培堤加厚 15.7 km,1982 年 10 月,漳河和红河两乡(镇)修汶河北堤 18.57 km。

1950~1957 年安丘县逄王乡对城汶村打桩编柳 200 m,固堤导洪;1958 年三合土险工护岸 600 m;1956~1957 年于家汶畔险工护岸;1963 年西门口,石佛寺两处险工护岸(浆砌石);1976 年于家汶畔加长险工护岸,清障 170 多亩,裁弯取直。清淤培堤、护岸共 8 000 m;1977 年潍汶交界干砌石护岸 3 000 m、浆砌石护岸 600 m;1991 年高崖水库以下段共治理长度 36 km。

汶河自河道成型以来,河势稳定,无大的平面变动。受本流域气候及上游地质条件影响,由于河道多年未遇较大洪水,小洪水及涝水造床能力低,加之群众引水、蓄水灌溉造成主槽淤积。但遇有大中型洪水,流量较大,河道将发生冲刷下蚀。随着将来河道规划治理工作的进行,河道的演变更加趋于稳定。因此,河段未来不会有大的自然变化,河道变化主要受人类活动的影响。

5.1.4　河谷结构及特征

通过查阅研究河段 1:5 万地形图、1:5 万地质图及沿河实地查勘,研究河段河谷结构及特征详见表5-2。

表 5-2　汶河河谷结构及特征

序号	段别	河谷类型	河谷结构及岸坡特征
1	0+000 ~ 1+999	河漫滩河谷	1. 河流呈南西—北东流向,无堤防,未受采砂影响; 2. 河谷不规则,不对称,河床宽而浅,河漫滩发育,阶地发育,属河漫滩河谷; 3. 水面宽 30~80 m,河床与水面等宽; 4. 河漫滩发育,左漫滩宽达 600~900 m,右漫滩宽 50~150 m; 5. 岸坡为砂质,坡体基本未裸露; 6. 左岸阶地发育,宽 400~600 m
2	1+999 ~ 9+896	成形谷	高崖水库库区
3	9+896 ~ 15+250	成形谷	1. 河流呈北西—南东流向,河谷受采砂影响较小,仅在大盛桥西侧影响较重; 2. 河谷基本对称,河床较规则,河漫滩较不规则,属成形谷; 3. 堤防较完整; 4. 水面宽 100~180 m,河床基本与水面等宽; 5. 左漫滩宽 10~40 m,右漫滩宽 30~60 m,无采砂处基本耕植,采砂处基本已采没或成不规则状; 6. 岸坡为砂质,未采砂处坡体较好,基本未裸露,采砂处坡体基本采没,堤防临水侧无岸坡分布

续表 5-2

序号	段别	河谷类型	河谷结构及岸坡特征
4	15+250 ~ 22+038	采砂前属成形谷，现为采砂严重影响河谷	1. 河流先呈北西—南东流向，后基本呈西—东流向，再呈南西—北东流向，河谷受采砂影响极严重； 2. 堤防较完整，河谷基本对称，受采砂影响，河床宽而浅，河漫滩已不连续； 3. 水面宽 120~180 m，河床与水面等宽，比采砂前至少拓宽 50 m； 4. 两岸滩地大部分河段呈零星状分布，几乎已采没，堤防临河床/水面，仅有的河段宽度小于 20 m，达不到护堤地宽度的要求； 5. 岸坡为砂质，不连续，大部裸露，未裸露处植被发育
5	22+038 ~ 25+714	采砂前属成形谷，现为采砂严重影响河谷	1. 河流基本呈西—东流向，漫水桥附近流向偏北，河谷受采砂影响极严重； 2. 堤防较完整，河谷基本对称，受采砂影响，河床宽而浅，河漫滩基本连续； 3. 水面宽 100~160 m，河床与水面等宽，比采砂前至少拓宽 40 m； 4. 两岸滩地受采砂影响，部分已拓宽为河床，左滩地宽度 10~30 m，右滩地宽度小于 20 m，局部宽度小于 5 m，甚至已采没，堤防临河床/水面，达不到护堤地宽度的要求； 5. 岸坡为砂质，大部坡体裸露，未裸露处植被发育
6	25+714 ~ 32+482	采砂前属成形谷，现为采砂较严重影响河谷	1. 河流呈南西—北东流向，芷坊漫水桥附近近西—东流向，河谷受采砂影响严重； 2. 堤防较完整，河谷基本对称，受采砂影响，河床宽而浅，河漫滩发育； 3. 水面宽 80~150 m，河床与水面等宽，比采砂前至少拓宽 40 m； 4. 两岸滩地受采砂影响，部分已拓宽为河床，左滩地宽 40~60 m，右滩地宽 50~80 m，受采砂影响，部分宽度小于 10 m，达不到护堤地宽度的要求； 5. 岸坡为砂质，大部坡体裸露，未裸露处植被发育

续表 5-2

序号	段别	河谷类型	河谷结构及岸坡特征
7	32+482 ~ 36+008	成形谷	1. 河流呈南西—北东流向,于家水西漫水桥附近近西—东流向,河谷受采砂影响较小; 2. 堤防较完整,河谷基本对称,受采砂影响,河床宽而浅,河漫滩发育; 3. 水面宽 80~150 m,河床与水面基本等宽; 4. 左滩地宽 70~100 m,右滩地宽 100~150 m; 5. 岸坡为砂质,大部被耕植,未裸露
8	36+008 ~ 43+488	成形谷	牟山水库库区
9	43+488 ~ 55+808	成形谷	1. 该段位于城区; 2. 河流呈南西—北东流向,走向近呈 N45°E,河谷未受采砂影响; 3. 堤防完整,质量较好,右堤硬化,左堤部分硬化,河谷对称,河床宽而浅,河漫滩发育; 4. 水面宽 200~300 m,河床与水面等宽; 5. 80%河段无河漫滩,有滩地段较规则,宽度小于 40 m,G206 国道西左滩地已开发为滨河公园,G206 国道—青云湖闸已建为城市湿地公园; 6. 岸坡主要为砂质,均被耕植,临水侧大部修建挡墙
10	55+808 ~ 60+844	成形谷	1. 该段位于城区东北部,城区未扩前受采砂影响,后此段为湿地公园的一部分,未受采砂影响; 2. 河流呈南西—北东流向,走向近呈北 45°东,河谷受采砂影响较小; 3. 堤防完整,质量较好,左堤硬化,河谷对称,河床宽而浅,河漫滩发育; 4. 水面宽 200~300 m,河床与水面基本等宽; 5. 两岸河漫滩较窄,宽度小于 50 m,局部宽 50~80 m; 6. 岸坡主要为砂质,均被耕植

续表 5-2

序号	段别	河谷类型	河谷结构及岸坡特征
11	60+844 ~ 66+922	采砂前属成形谷,现为采砂较严重影响河谷	1. 河流自张排彻石坝—大朱旺呈南西—北东流向,大朱旺—南王皋村南呈南—北流向,南王皋村东附近呈南西—北东流向,河谷受采砂影响严重; 2. 堤防较完整,土堤,未硬化,河谷基本对称; 3. 受采砂影响,现河床人为加宽,宽 60~100 m,河床与水面基本等宽; 4. 受采砂影响,大部分河段河漫滩已采没,甚至采至大堤堤身,少部分河段宽度小于 40 m,左侧局部河段河漫滩基本未受采砂影响,宽达 100 余 m; 5. 岸坡为砂质,大部裸露,近呈直立状,仅局部河段岸坡呈缓坡
12	66+922 ~ 73+384	采砂前属成形谷,现为采砂较严重影响河谷	1. 河流呈南西—北东流向,河谷受采砂影响极严重; 2. 堤防较完整,简易土堤,河谷基本对称,受采砂影响,河床宽而深; 3. 水面宽 100 m 左右,河床与水面基本等宽; 4. 河漫滩受采砂影响严重,近一半河段已无滩地,有滩地段宽度小于 30 m,局部无砂层分布; 5. 岸坡为砂质,大部被耕植,未裸露
13	73+384 ~ 76+594	成形谷	1. 河流呈南西—北东流向,河谷受采砂影响较小,仅在右岸铁路桥北侧有砂场分布; 2. 堤防较完整,左堤好于右堤,河谷基本对称,河床宽而浅,河漫滩发育; 3. 水面宽 60~100 m,河床与水面基本等宽; 4. 左滩地宽 60~100 m,右滩宽 40~80 m,植被发育,基本未受人为影响; 5. 岸坡为砂质,大部被耕植
14	76+594 ~ 81+796	成形谷	1. 在夹河套村南附近河流呈南西—北东流向,夹河套—潍河入汇处近南—北流向,河谷受采砂影响较小; 2. 堤防较完整,河谷基本对称,受采砂影响,河床宽而浅,河漫滩发育; 3. 水面宽 100~250 m,河床与水面基本等宽; 4. 左滩地宽 100~150 m,右滩地宽 30~80 m,夹河套村后右滩地无分布; 5. 岸坡为砂质,大部被耕植,未裸露

5.2 沉积物来源

汶河发源于临朐县沂山东麓,流经临朐、昌乐、安丘、坊子4个县(市、区),于坊子区夹河套村东北汇入潍河,全长110 km,流域面积1 687.3 km²。较大支流有16条,其中二级支流有孟津河、东皋河、吕家河、红河、张朱河、小汶河等6条;三级支流有漳河、九曲河、肖家河、西庵河、庄皋河、周家河、龙女河、孝水河、崖头河、王俊河等。

汶河流域内沉积物来源主要受新构造运动与岩性的影响。新构造运动差异较大,凌河镇以上河段属强隆起区,发生显著的差异性升降运动和水平运动,同时进入河流发育和切割阶段及导致水系扭曲,大关镇小关村附近以上河段山锋尖锐,河谷呈V形,河床强烈下切,山间漂石发育,阶地发育,河床窄,坡降大,水流湍急;凌河镇—潍河入汇段,尤其G206国道以东河段,河床较宽、流水散乱,边滩、心滩发育,河床坡降小,水流缓慢。属拗陷区,接受河流上游切割碎屑物的沉积。

新近纪的地貌特征为侵蚀堆积型,新近纪的中新世以后表现为整体的阶段性缓慢隆起。第四系以来主要继承中新世以后的地形、地貌特征,显现为剥蚀堆积型地貌,晚更新世至全新世地壳趋于稳定,发育了河流阶地及河床、河漫滩的较厚堆积。汶河水系总体以北东向为主,水系自然弯曲者少,多为构造扭曲或追踪不同方位的断裂而弯转。新构造运动,尤其晚更新世以来,汶河河谷主要沉积了沂河组、临沂组与大站组。前两组为全新统,主要分布于现代河床与高、低漫滩,构成现代河道的主要堆积物,后一组为晚更新统,主要分布于汶河阶地。汶河及其支流普遍发育二级阶地,第一级为冲洪积阶地,第二级为侵蚀阶地,海拔分别为60 m和80 m。

5.2.1 泥沙来源

泥沙是随河水运动和组成河床的松散固体颗粒。汶河河流泥沙主要来源于两个方面:一是流域地表的侵蚀;二是上游河床的冲刷。归根结底,河流泥沙是流域地表侵蚀的产物。

流域地表的侵蚀程度,与气候、土壤、植被、地形地貌及人类活动等因素有关。降水形成的地面径流侵蚀流域地表,造成水土流失,挟带大量泥沙直下江河。特别是高崖水库上游及支流的山区河段,遇到暴雨、大暴雨容易引发山洪、滑坡、泥石流等地质灾害,都可能导致大量泥沙在短时间内急聚河道,严重时,巨大的堰塞体堵江断流形成堰塞湖。河道水流在奔向下游的过程中,沿程会冲刷当地河床、河岸及向源侵蚀。从上游河床冲刷下来的这部分泥沙,随同流域地表侵蚀而来的泥沙一道,构成河流输移泥沙的总体。

天然河流中的泥沙,按其是否运动分为静止和运动两大类。组成河床静止不动的泥沙称为床沙。运动的泥沙又分为推移质和悬移质两大类,两者共同构成河流输沙的总体。

推移质又称底沙,是指沿河床附近滚动、滑动或跳跃运动的泥沙。推移质泥沙的运动特征是:在水流的推动下,走走停停,时快时慢,运动速度远慢于水流;颗粒越大,停的时间越长,走的时间越短,运动的速度越慢。推移质的运动状态完全取决于当地的水流条件。悬移质简称悬沙,是随水流浮游前进的泥沙。这种泥沙的运动有赖于水流中的紊动涡漩所挟持,在整个水体空间里自由运动,时升时降,其运动状态具有随机性质,运动速度与水流流速基本相同。

天然河流中运动的两类泥沙,从输移总量来说,悬移质占江河输沙的绝大部分,推移质只占总输沙量中的极小部分。汶河高崖水库以上的山区河段更是如此。在河流蚀山造原的历史进程中,悬移质在数量上起着极为重要的作用。

泥沙来源是河流上游或两岸的滩地冲刷挟带的悬移质、推移质的沉积以及过去长期沉积形成的滩地。径流与泥沙二者之间密切相关,由于上游修建了数座大中型水库,致汶河径流量锐减,部分河段甚至断流,造成上游泥沙很难被冲刷到下游,同时河道中建坝以及其他蓄水设施也影响了河流中泥沙的运移。

5.2.2　砂砾来源

根据流经地的岩性及砂砾来源,汶河自源头至潍河汇入处可分为 3 段(见表 5-3)。段 2 主要流经丘陵区、平原区,段 3 主要流经平原区。自汶河成形至文化期,属前全新世,无人类活动,并经历数次地质事件(暖期、冰期),岩性中的安山岩风化物无法成为河流砂砾的母岩,全风化物主要成土状;砂岩、细砂岩虽可作为河流砂砾母岩,因粒度较小,基本沉积在下游,即现今 G206 国道以东河段。文化期至今,流域内表部风化成土状的基岩基本全被耕植,植被发育,水土保持较好,成为安丘市现代农业示范区,基本已无砂砾来源。

表 5-3　汶河流经岩性分段

序号	段别	流经主要岩性
1	源头—高崖水库	各类花岗岩、大站组
2	高崖水库—牟山水库	各类花岗岩、细砂岩、砂岩、砾岩、沂河组
3	牟山水库—潍河入汇处	安山岩、花岗岩、临沂组

段 1 流经的地区侵入岩发育,属鲁西构造岩浆区,冷却的岩浆形成的岩石成为河流砂砾的主要来源。汶河河泥砂砾的母岩主要是花岗岩类。段 1 流经山区,岩性主要是各类花岗岩,此段花岗岩类成为汶河最主要的砂砾来源。

河流砂砾来源的母岩花岗岩主要有:片麻状粗中粒含角闪黑云花岗闪长岩、中细粒斜长角闪岩、弱片麻状中粒含角闪二长花岗岩、弱片麻状中粒含黑云二长花岗岩与中细粒二长花岗岩、细粒二长花岗岩与条带状中粒黑云二长花岗岩、细粒二长花岗岩、条带状细粒黑云英云闪长质片麻岩、石英闪长玢岩。

5.2.2.1　片麻状粗中粒含角闪黑云花岗闪长岩

片麻状粗中粒含角闪黑云花岗闪长岩主要分布于大关水库上游汶河源头附近。该岩体中含泰山岩群包体,包体岩性主要为斜长角闪岩、黑云变粒岩和磁铁石英岩等。包体大小不一,小者几厘米,大者可达数米,一般 20~30 cm。岩石呈灰—浅灰色,似斑状结构,不等粒花岗结构,块状构造,弱片麻状构造。斑晶含量为 5%~10%,主要为微斜长石及斜长石,粒径为 0.5~0.8 cm,基质为中粒结构,主要矿物为斜长石、钾长石、石英等。

5.2.2.2　中细粒斜长角闪岩

中细粒斜长角闪岩主要分布于汶河左岸昌乐县朱汉附近。呈长条状、透镜状包体产出,北东至北北东向展布,最长者达 0.7 km,宽 40~100 m,呈包体状产于傲徕山岩套蒋峪条带状中粒黑云二长花岗岩中。主体岩性为细粒斜长角闪岩,原岩为辉长岩。岩石呈灰黑色细粒柱粒状变晶结构,局部呈斑状变晶结构,块状构造或条带状构造,弱定向构造矿物含量变化较大。

5.2.2.3　弱片麻状中粒含角闪二长花岗岩

汶河高崖水库以上河段与红河镇北广泛分布。呈岩株状产出,平面形态呈不规则带状,被条花峪岩体脉动侵入。侵入体中包体较多,包体岩性主要为斜长角闪石、磁铁石英岩及英云闪长岩、花岗闪长岩等。最多可达 10%,一般约 1%。最大者长可达数百米,宽数十米,小者仅数厘米。岩石呈浅灰—灰白色,略带肉红色色调,中粒花岗变晶结构,片麻状构造,局部有变余花岗结构,主要矿物组成:角闪石 5%~10%、黑云母<5%、斜长石 35%~40%、微斜长石 30%~35%、石英 20%。

5.2.2.4　弱片麻状中粒含黑云二长花岗岩

汶河高崖水库以上河段与红河镇北、红沙沟西南广泛分布。平面形态呈带状或不规则状,除个别侵入体发育北西向的定向构造外,均发育北东东向的定向构造且侵入体的长轴也呈北东东向展布,侵入体侵入泰山岩群、蒙山岩套及峄山岩套,被松山岩体脉动侵入,侵入体中常见变质地层包体及早期侵入岩包体,包体主要岩性为:黑云变粒岩、磁铁石英岩、斜长角闪岩及石英闪长岩、英云闪长岩、奥长花岗岩、花岗闪长岩、二长花岗岩等。岩石呈浅灰色—肉红色,中粒花岗变晶结构,弱片麻状构造。主要矿物组成:斜长石 28%~35%、微斜长石 30%~35%、石英 20%~35%、黑云母 5%~10%,少量锆石、黄铁矿。

5.2.2.5　中细粒二长花岗岩

汶河高崖水库以上河段与牟山水库、安丘县城西北及红河镇东南广泛分布。具北西及北东走向的定向构造,侵入泰山岩群,脉动侵入杜家岔河、虎山、条花峪岩体。杨庄镇侵入体西侧被震旦系不整合覆盖。在侵入体边部常见泰山岩群包体及早期侵入岩包体。岩石呈灰红—灰白色,中细粒花岗变晶结构,弱片麻状构造,主要由黑云母(2%~4%)、白云母(1%~2%)、斜长石(20%~30%)、微斜长石(30%~40%)、石英(35%)组成,主要矿物粒径 2~5 mm。

5.2.2.6　细粒二长花岗岩

细粒二长花岗岩主要分布于汶河源头附近。超动侵入杜家岔河岩体和宁子洞岩体,在上寺院侵入接触处有切割杜家岔河岩体二长花岗岩片麻理现象,岩体内有杜家岔河岩体的包体,并有较多的伟晶岩脉及伟晶岩团块。主体岩性为细粒二长花岗岩。岩石新鲜面为肉红色,细粒花岗结构,致密块状构造,被用作优质建材,俗称"沂山红"。

5.2.2.7　条带状中粒黑云二长花岗岩

条带状中粒黑云二长花岗岩主要分布于汶河蒋峪镇周边附近。呈岩株状产出,平面形态呈南北或北东向条带状。超动侵入蒙山岩套各岩体,被红门岩套岩体超动侵入,被松山岩体脉动侵入。岩体中的岩脉发育,主要为长英质的伟晶岩脉、细晶岩脉和石英脉,岩脉宽窄不一,方向各异,脉壁一般较平直,和围岩关系清楚。岩体还被牛岚辉绿岩脉穿插,岩脉走向南北或北北东向,长度不一,长者可达几千米。该岩体中常含大量包体,包体大小混杂,形态各异,成分复杂,分布广泛,其含量占岩石总量的 2%~3%,局部地段可达10%。岩性为条带状中粒黑云二长花岗岩,岩石呈灰红色,中粒结构、条带状构造、片麻状构造,主要矿物成分为斜长石、微斜长石、石英、黑云母。

5.2.2.8　细粒二长花岗岩

细粒二长花岗岩集中分布于汶河左岸安丘市刘家尧镇,呈小岩株状产出,平面形态为带状或椭圆形,侵入体内有北北东向的定向构造。超动侵入宁子洞岩体,脉动侵入松山、条花峪岩体。该岩体主体岩性为细粒二长花岗岩。岩石呈浅肉红色,风化面呈灰白色,细粒花岗结构,块状构造,风化后微具片麻状构造。主要矿物成分有:钾长石 40.20%、斜长石 23.91%、石英 25.44%、黑云母 10.43%,矿物粒径 0.5~1.5 mm。

5.2.2.9　条带状细粒黑云英云闪长质片麻岩

条带状细粒黑云英云闪长质片麻岩主要分布于汶河右岸红沙沟西南。侵入体呈岩枝状产出,平面形态呈北北西或北北东向延长的条带状或透镜状,侵入体内含较多磁铁石英岩、斜长角闪岩等包体,包体规模不一,大小不等,多呈透镜状,长轴延伸方向与侵入体延伸方向一致。岩石呈灰色,细粒结构,鳞片粒状变晶结构,条带状、片麻状构造。矿物平均粒径 1.2 mm,该岩体以粒度细,斜长石含量高及无钾长石等特征区别于蒙山岩套其他岩体。

5.2.2.10　石英闪长玢岩

岩体出露于沂山水库西北,形态不规则,总体呈北北东向展布,南北长约 5 km,东西宽约 2 km,面积约 10 km²。岩体超动侵入蒋峪条带状中粒二长花岗岩中,受北北东向构造控制,岩体东西两侧形态较规则,而南北两端均呈枝状尖灭。岩性为石英闪长玢岩。岩石呈浅灰色,似斑状结构,块状构造。主要矿物成分:斜长石 75%、普通角闪石 15%、黑云母 5%、石英 5%、钾长石 2%。

5.3　砂资源特征

5.3.1　砂资源分布

河道砂资源分布见表 5-4。

5.3.2　砂资源颗粒组成

河道砂资源分段颗粒分析试验成果见表 5-5。

表 5-4 河道砂资源分布

序号	起止桩号	左河漫滩		右河漫滩		河床	
		分布范围(m)	地质评价	分布范围(m)	地质评价	分布范围(m)	地质评价
1	0+000~1+999	1. 层顶高程:155.4~153.8; 2. 层底高程:146.6~145.2; 3. 厚度:8.8~8.6; 4. 宽度:600~900	未采砂,厚度极大,基本无粉质壤土夹层,下伏砂岩	1. 层顶高程:157.2~154.4; 2. 层底高程:148.7~146.5; 3. 厚度:8.5~8.0; 4. 宽度:50~150	未采砂,厚度极大,基本无粉质壤土夹层,下伏砂岩	1. 层顶高程:152.0~149.5; 2. 层底高程:146.6~154.2; 3. 厚度:5.6~4.3; 4. 宽度:30~80	未采砂,无粉质壤土夹层,下伏砂岩
2	1+999~8+331	高崖水库库区					
3	8+331~17+250	1. 层顶高程:131.4~109.6; 2. 层底高程:127.6~106.3; 3. 厚度:3.8~3.3; 4. 宽度:10~40	仅大盛桥附近采砂,厚度适中,基本无粉质壤土夹层,下伏泥岩	1. 层顶高程:132.6~117.0; 2. 层底高程:128.5~112.5; 3. 厚度:0.5~4.5; 4. 宽度:30~60	仅大盛桥附近采砂,平均厚度2~3 m,基本无粉质壤土夹层,下伏泥岩	1. 层顶高程:109.8~109.0; 2. 层底高程:106.0~103.6; 3. 厚度:1.3~0.4; 4. 宽度:100~180	采砂较重,平均厚度小于1 m,下伏泥岩
4	17+250~24+118	1. 层顶高程:109.6~97.0; 2. 层底高程:106.3~88.4; 3. 厚度:14.8~8.6; 4. 宽度:基本未采	采砂较严重,河漫滩基本未采,厚度极大,下伏粉质壤土,其下为泥岩	1. 层顶高程:117.0~101.3; 2. 层底高程:112.5~89.5; 3. 厚度:4.5~13.5; 4. 宽度:基本未采	采砂极严重,平均厚10 m余,8+000~20+500段下伏粉质壤土,其下为泥岩	1. 层顶高程:103.4~93.0; 2. 层底高程:95.6~88.4; 3. 厚度:4.6~9.3; 4. 宽度:100~180	采砂较重,厚度适中,7+400无分布,下伏泥岩

续表 5-4

序号	起止桩号	左河漫滩		右河漫滩		河床	
		分布范围(m)	地质评价	分布范围(m)	地质评价	分布范围(m)	地质评价
5	24+118~31+230	1. 层顶高程:97.0~81.7; 2. 层底高程:88.4~65.9; 3. 厚度:18.4~9.0; 4. 宽度:40~60	采砂严重,厚度极大,基本无粉质壤土夹层,下伏泥岩	1. 层顶高程:101.3~81.2; 2. 层底高程:89.5~70.3; 3. 厚度:11.0~13.4; 4. 宽度:一半50,一半基本无	采砂严重,厚度极大,基本无粉质壤土夹层,其下一半为泥岩	1. 层顶高程:93.0~78.0; 2. 层底高程:88.4~70.3; 3. 厚度:2.9~9.5; 4. 宽度:80~150	采砂严重,厚度适中,下伏泥岩,基本无粉质壤土分布
6	31+230~36+008	1. 层顶高程:81.7~77.1; 2. 层底高程:72.4~76.0; 3. 厚度:9.3~2.7; 4. 宽度:70~100	基本未采砂,厚度适中,基本无粉质壤土夹层,下伏泥岩	1. 层顶高程:81.2~75.9; 2. 层底高程:77.6~69.9; 3. 厚度:10~3.2; 4. 宽度:100~150	基本未采砂,厚度不均,33+000~35+200,粉质壤土夹层,下为泥岩	1. 层顶高程:70.9; 2. 层底高程:67.6; 3. 厚度:3.3; 4. 宽度:80~150	分布于于家水西漫水桥附近,采砂极严重,下伏泥岩
7	36+008~43+523	牟山水库库区					
8	43+523~48+525	1. 层顶高程:61.6~56.8; 2. 层底高程:60.0~46.6; 3. 厚度:1.6~10.2; 4. 宽度:10~60	采砂较重,厚度不均,省道附近厚达10 m,基本无粉质壤土夹层,下伏泥岩	1. 层顶高程:64.5~57.6; 2. 层底高程:57.0~51.4; 3. 厚度:7.5~5.0; 4. 宽度:50~150	采砂较严重,厚度适中,夹粉质壤土薄层,下伏泥岩	1. 层顶高程:59.8~53.8; 2. 层底高程:58.7~52.0; 3. 厚度:0.7~1.8; 4. 宽度:200~300	省道西侧附近采砂较重,均厚1 m余,下伏泥岩

续表 5-4

序号	起止桩号	左河漫滩		右河漫滩		河床	
		分布范围(m)	地质评价	分布范围(m)	地质评价	分布范围(m)	地质评价
9	48+525~55+808	城市湿地公园					
		1.80%河道基本无河漫滩,有滩段宽度小于40 m;2.未受采砂影响					
10	55+808~60+844	城市湿地公园					
		1.宽度小于50 m,局部小于80 m;2.采砂不严重			采砂不严重		采砂不严重
11	60+844~66+922	1.层顶高程:35.4~28.2; 2.层底高程:29.6~7.7; 3.厚度:4.6~22.5; 4.宽度:基本无	采砂严重,河漫滩基本采没;厚度不均,夹粉质壤土夹层,厚达22.5 m	1.层顶高程:37.6~30.5; 2.层底高程:13.2~33.6; 3.厚度:23.3~1.8; 4.宽度:基本无	采砂极严重,河漫滩大部采没,厚度不均,下伏粉质壤土夹层	1.层顶高程:20.8~13.6; 2.层底高程:15.5~4.7; 3.厚度:1.8~8.9; 4.宽度:60~100	采砂极严重,厚度不均,下伏粉质壤土
12	66+922~69+622	1.层顶高程:27.3~27.8; 2.层底高程:7.0~15.3; 3.厚度:13.2~11.8; 4.宽度:近一半无	采砂极严重,砂层厚,中部夹厚2~8 m的壤土层	1.层顶高程:30.5~26.5; 2.层底高程:0.7~25.0; 3.厚度:16.7~5.5; 4.宽度:近一半无	采砂极严重,平均厚达6~10 m,夹粉质壤土透镜体	1.层顶高程:19.8~21.7; 2.层底高程:12.0~15.5; 3.厚度:6.2; 4.宽度:100左右	采砂极严重,厚度较大,下伏粉质壤土
13	69+622~71+384	1.层顶高程:21.5~19.9; 2.层底高程:15.3~13.9; 3.厚度:2.8~6.2; 4.宽度:近一半无	采砂极严重,表线层为粉质壤土,砂砾石以夹层形式产出,其下又为粉质壤土	基本无砂资源分布		1.层顶高程:23.4; 2.层底高程:12.00; 3.厚度:11.4; 4.宽度:100左右	分布于72+000附近,厚度极大,下伏粉质壤土,未揭穿

续表 5-4

序号	起止桩号	左河漫滩		右河漫滩		河床	
		分布范围(m)	地质评价	分布范围(m)	地质评价	分布范围(m)	地质评价
14	71+384~76+594	基本无砂资源分布		1.层顶高程:26.1~22.6; 2.层底高程:18.6~12.6; 3.厚度:7.0~10.0; 4.宽度:40~80	采砂不严重,厚度极大,下伏粉质壤土,厚达5~8 m,其下为泥岩	采砂严重,基本采没,下伏粉质壤土,揭露厚度达2.2~7.8 m,均厚5 m左右	
15	76+594~81+169	1.层顶高程:21.0~13.7; 2.层底高程:6.5~3.5; 3.厚度:6.1~12.3; 4.宽度:100~300	采砂不严重,表层为粉质壤土,下为砂砾石层,其下为泥岩	1.层顶高程:22.6~20.1; 2.层底高程:12.6~5.4; 3.厚度:10~16.4; 4.宽度:150~200	采砂不严重,厚度极大,下为粉质壤土,其下为泥岩	1.层顶高程:11.3~10.6; 2.层底高程:5.6; 3.厚度:5.0~5.7; 4.宽度:100~150	采砂极严重,层厚适中,下伏粉质壤土

表 5-5　砂资源分段颗粒分析试验成果

序号	起止桩号	左河漫滩 主要粒组(mm)及含量(%) 5~2	2~0.5	0.5~0.25	0.25~0.075	岩性	右河漫滩 主要粒组(mm)及含量(%) 5~2	2~0.5	0.5~0.25	0.25~0.075	岩性	河床 岩性
1	0+000~1+999	10	30~70	10~28	10~20	砾砂,粗砂,中砂,分选差,粒径小于0.075 mm 的细粒含量高达 8%~25%	20~50	40~70	12~16	3~7	粗砂,砾砂,圆砾,粒径小于0.075 mm 的细粒含量 5%~8%	砂砾石
2	1+999~8+331	高崖水库库区										
3	8+331~17+250	23~60	20~50	7~20	5~16	粗砂,砾砂,砾石,分选差,粒径小于0.075 mm 的细粒含量 4%~10%	18~30	36~66	12~20	10~20	粗砂,WCZWY31处主要为砾石,粒径小于0.075 mm 的细粒含量 3.0%~10.0%	砂砾石
4	17+250~24+118	20~25	40~55	15~30	12~20	粗砂,中砂,砾砂,粒径小于0.075 mm 的细粒含量 5%~10%	20~30	40~60	10~25	8~20	粗砂,砾砂,中砂,粒径小于0.075 mm 的细粒含量 4.0%~15.0%	粗砂,砾砂
5	24+118~31+230	20~55	30~48	15~40	5~30	粗砂,砾石,中砂,粒径小于0.075 mm 的细粒含量高达 4%~20%	18~25	30~55	15~30	10~16	粗砂,砾石,中砂,粒径小于0.075 mm 的细粒含量 5.0%~10.0%	粗砂,砾石,中砂
6	31+230~36+008	15~20	30~50	15~20	15~20	粗砂,分选较好,粒径小于0.075 mm 的细粒含量 5%~10%	25~60	30~50	10~20	13~18	砾石,粗砂,砾砂混杂,分选差,粒径小于0.075 mm 的细粒含量 5.0%~10.0%	砂砾石
7	36+008~43+523	牟山水库库区										

续表 5-5

序号	起止桩号	左河漫滩 主要粒组(mm)及含量(%)				左河漫滩 岩性	右河漫滩 主要粒组(mm)及含量(%)				右河漫滩 岩性	河床岩性
		5~2	2~0.5	0.5~0.25	0.25~0.075		5~2	2~0.5	0.5~0.25	0.25~0.075		
8	43+523~48+525	18~25	40~50	15~27	11~15	粗砂,砾砂,分选较好,粒径小于 0.075 mm 的细粒含量 5%~9%	51	35~55	9~60	14~20	中砂,粗砂,分选差,粒径小于 0.075 mm 的细粒含量 7.0%~10.0%	砂砾石
9	48+525~55+808	城市湿地公园					城市湿地公园					
10	55+808~60+844	城市湿地公园					城市湿地公园					
11	60+844~66+922	17~25	25~50	15~35	10~25	粗砂,中砂,粒径小于 0.075 mm 的细粒含量 5%~15%	15~24	50~60	10~15	8~12	粗砂,分选较好,粒径小于 0.075 mm 的细粒含量 5%~8%	粗砂,中砂
12	66+922~69+622	基本无	40~55	15~25	15~30	粗砂,中砂,分选较差,粒径小于 0.075 mm 的细粒含量占 7%~15%	基本无	45~75	11~17	9~11	粗砂,分选性好,粒径小于 0.075 mm 的细粒含量 5%~8%	粗砂,中砂
13	69+622~71+384	23~27	30~60	10~20	8~18	粗砂,分选较好,上覆粉质壤土,粒径小于 0.075 mm 的细粒含量 6%~10%	基本无砂资源分布					粗砂
14	71+384~76+594	基本无砂资源分布					24~33	50~75	12~18	6~12	粗砂,砾砂,上覆粉质壤土,粒径小于 0.075 mm 的细粒含量 4%~10%	基本采没
15	76+594~81+169	20~30	30~55	13~23	10~20	粗砂,砾砂,上覆粉质壤土,粒径小于 0.075 mm 的细粒含量 6%~12%	基本无	50~70	14~20	10~18	粗砂,分选较好,粒径小于 0.075 mm 的细粒含量 7%~12%	粗砂

5.4　可采区砂资源特征及质量

5.4.1　砂资源分布

依据：《中华人民共和国河道管理条例》《中华人民共和国水文条例》《铁路运输安全保护条例》《公路安全保护条例》《〈电力设施保护条例〉实施细则》《山东省实施〈中华人民共和国河道管理条例〉办法(修正稿)》《山东省电力设施和电能保护条例》《山东省石油天然气管道保护办法》《潍坊市河道采砂管理办法》《潍坊市人民政府办公室关于加强潍河采砂管理保障河道行洪和工程安全的通知》《潍坊市防洪规划报告渠河部分》对河道保护范围及水工建筑物、水文测验断面、公路桥梁、铁路桥梁、电力设施、穿河管道及对河道险工险段的保护范围及规定与划定,汶河全长 81.8 km(河床桩号 0+000～81+796)的研究段,可采区总长度 20.1 km。其砂资源分布特征见表 5-6。

5.4.2　砂资源颗粒组成

河道可采区砂资源分段颗粒分析试验成果见表 5-7。

5.4.3　砂资源质量

可采区砂资源分段细度指标见表 5-8,表中细度模数与平均粒径采用颗粒分析试验成果。

通过野外地质调查、钻探与室内试验,可采区砂资源从分布宽度、厚度与岩性(建材分类与平均粒径分类)、含泥量及细度等方面综合评价其质量(见表 5-9)。

5.4.4　可开采量

可采区共 12 处,高崖水库至牟山水库段 7 处,青云湖至潍河入汇处段 5 处。自上游至下游编号依次为 No.1～No.12。

5.4.4.1　No.1 可采区

No.1 可采区位于安丘市大盛镇、昌乐县鄌郚镇,采区长度约 3.2 km,平均宽度约 120 m,采区内无通信电缆、光缆、高压线等重要保护地物,采区上游约 1 km 处有善庄拦河闸。以河床内开采为主,可开采量 52.1 万 m^3。

5.4.4.2　No.2 可采区

No.2 可采区位于安丘市大盛镇、昌乐县红河镇,采区平均长度约 2.2 km,平均宽度约 170 m,采区内无通信电缆、光缆、高压线等重要保护地物,下游临沈家庄险工段。以河床内开采为主,可开采量 194.0 万 m^3。

表 5-6　砂资源分布

序号	起止桩号	左河漫滩		右河漫滩		河床	
		分布范围（m）	地质评价	分布范围（m）	地质评价	分布范围（m）	地质评价
1	11+535~14+740	1.层顶高程:121.3~114.4; 2.层底高程:117.9~111.2; 3.厚度:3.4~3.2; 4.宽度:15~35	采砂不严重,厚度适中,下伏泥岩	1.层顶高程:122.2~116.7; 2.层底高程:119.7~109.8; 3.厚度:0.5~5.6; 4.宽度:30~50	采砂不严重,均厚2~4m,下伏泥岩	1.层顶高程:120.4~112.4; 2.层底高程:119.7~111.8; 3.厚度:0.4~0.8; 4.宽度:100~150	采砂严重,层厚极薄,下伏泥岩
2	17+240~19+402	1.层顶高程:108.2~101.7; 2.层底高程:101.3~87.5; 3.厚度:6.9~14.2; 4.宽度:基本采没	采砂极严重,均厚13m,基本采没,成为河床的一部分	1.层顶高程:112.7~107.3; 2.层底高程:98.3~96.9; 3.厚度:14.8~10.0; 4.宽度:基本采没	采砂极严重,厚度极大,基本采没的一部分	1.层顶高程:102.7~101.1; 2.层底高程:193.4~92.6; 3.厚度:8.5~9.3; 4.宽度:100~180	采砂极严重,厚度极大,下伏粉质壤土
3	20+155~21+615	1.层顶高程:100.7~98.8; 2.层底高程:87.9~88.7; 3.厚度:12.8~10.1; 4.宽度:基本采没	采砂极严重,均厚11m,基本采没,成为河床的一部分	1.层顶高程:105.6~104.6; 2.层底高程:95.6~94.0; 3.厚度:10.0~10.6; 4.宽度:大部分采没	采砂极严重,均厚10m,基本采没,成为河床的一部分	1.层顶高程:100.5~98.6; 2.层底高程:95.6~94.0; 3.厚度:4.9~4.6; 4.宽度:100~180	采砂极严重,厚度适中,下伏粉质壤土,泥岩

续表5-6

序号	起止桩号	左河漫滩		右河漫滩		河床	
		分布范围(m)	地质评价	分布范围(m)	地质评价	分布范围(m)	地质评价
4	23+623~24+705	1. 层顶高程:96.1~95.2; 2. 层底高程:86.7~84.7; 3. 厚度:9.4~10.5; 4. 宽度:30~40	采砂严重，厚度极大，下伏泥岩	1. 层顶高程:101.7~99.7; 2. 层底高程:89.9~87.6; 3. 厚度:11.8~12.1; 4. 宽度:基本采没	采砂极严重，均厚12 m，基本采没，成为河床的一部分	1. 层顶高程:89.9~87.8; 2. 层底高程:87.0~82.2; 3. 厚度:2.9~5.6; 4. 宽度:100~160	采砂极严重，厚度适中，下伏泥岩
5	26+360~29+209	1. 层顶高程:92.8~84.3; 2. 层底高程:79.8~65.9; 3. 厚度:13.0~18.4; 4. 宽度:40~60	采砂严重，均厚15 m，下伏泥岩	1. 层顶高程:96.5~87.0; 2. 层底高程:83.6~75.1; 3. 厚度:11.8~13.4; 4. 宽度:大部分采没	采砂极严重，均厚大于12 m，基本采没，成为河床的一部分	1. 层顶高程:84.7~79.8; 2. 层底高程:82.0~71.5; 3. 厚度:5.0~9.5; 4. 宽度:80~150	采砂严重，均厚6.5 m，下伏泥岩
6	29+909~31+400	1. 层顶高程:81.7~82.8; 2. 层底高程:72.4~75.5; 3. 厚度:9.3~7.3; 4. 宽度:50~60	受采砂影响严重，厚度极大，均厚8 m，下伏泥岩	1. 层顶高程:86.9~81.3; 2. 层底高程:74.3~70.6; 3. 厚度:13.0~8.6; 4. 宽度:小于20	采砂严重，均厚10余m，夹粉质壤土透镜体，下伏泥岩	1. 层顶高程:78.8~77.5; 2. 层底高程:72.4~70.3; 3. 厚度:6.8~7.7; 4. 宽度:100~150	采砂严重，均厚7余m，下伏泥岩
7	32+908~33+298	1. 层顶高程:80.5~79.5; 2. 层底高程:75.5~75.0; 3. 厚度:5.0~4.5; 4. 宽度:80~100	采砂不严重，层厚近5 m，下伏泥岩	1. 层顶高程:81.0~81.3; 2. 层底高程:86.3~85.4; 3. 厚度:4.7~5.9; 4. 宽度:100~140	采砂不严重，均厚5 m，下伏粉质壤土，下伏泥岩	基本采没	
8	59+978~61+500	1. 层顶高程:35.4~34.30; 2. 层底高程:19.8~9.3; 3. 厚度:5.4~13.2; 4. 宽度:20~50	采砂极严重，层厚大，中间夹薄层壤土薄层	1. 层顶高程:36.2~34.2; 2. 层底高程:33.6~21.2; 3. 厚度:14.6~1.8; 4. 宽度:20~50	采砂严重，厚度极不均，下伏粉质壤土	基本采没	

续表 5-6

序号	起止桩号	左河漫滩 分布范围(m)	左河漫滩 地质评价	右河漫滩 分布范围(m)	右河漫滩 地质评价	河床 分布范围(m)	河床 地质评价
9	63+000~64+000	1.层顶高程:29.3~28.2; 2.层底高程:11.2~8.7; 3.厚度:11.9~14.5; 4.宽度:小于30	采砂严重,厚度极大,中间粉质壤土薄层	1.层顶高程:31.8~32.0; 2.层底高程:16.4~8.7; 3.厚度:15.4~23.0; 4.宽度:基本采没	采砂严重,厚度极大,均近20m,下伏粉质壤土	1.层顶高程:20.8~18.0; 2.层底高程:13.2~12.2; 3.厚度:7.6~7.9; 4.宽度:280~400	采砂不严重,表层2~4m粉质壤土,下伏砂砾石,厚度极大
10	67+065~67+620	1.层顶高程:30.2~31.0; 2.层底高程:8.2~15.3; 3.厚度:10.5~11.8; 4.宽度:20~30	采砂极严重,厚度极大,中间夹有2~4m粉质壤土,下伏粉质壤土	1.层顶高程:27.4~27.8; 2.层底高程:7.0~13.8; 3.厚度:17.5~12.2; 4.宽度:基本采没	采砂极严重,基本采没,成为河床的一部分,厚度极大,均厚15m	1.层顶高程:20.6~21.7; 2.层底高程:14.2~15.5; 3.厚度:6.4~6.2; 4.宽度:250~400	均厚6余m,厚度大,下伏粉质壤土
11	68+325~71+050	1.层顶高程:21.5~19.5; 2.层底高程:15.3~18.7; 3.厚度:6.2~0.8; 4.宽度:10~30	采砂极严重,均厚3~4m,表层粉质壤土厚7.6~6.0m,下伏粉质壤土	1.层顶高程:20.3~20.9; 2.层底高程:17.8~10.3; 3.厚度:2.5~9.1; 4.宽度:30~40	采砂严重,厚度不均,表层粉质壤土厚5.8~4.7m,下伏粉质壤土	1.层顶高程:23.2; 2.层底高程:12.0; 3.厚度:11.3; 4.宽度:200~280	分布于72+000附近,下伏粉质壤土,揭露厚度4.3m
12	76+856~78+360	1.层顶高程:19.6~13.7; 2.层底高程:3.5~5.0; 3.厚度:16~9; 4.宽度:70~350	采砂严重,部分采没,成为河床的一部分,均厚12m左右,下伏泥岩	1.层顶高程:21.8~22.5; 2.层底高程:9.4~5.9; 3.厚度:13.0~15.2; 4.宽度:250~100	采砂严重,厚度极大,下伏粉质壤土、泥岩	1.层顶高程:11.3~10.8; 2.层底高程:5.6; 3.厚度:5.7~5.0; 4.宽度:200~400	采砂较严重,分布于偏下段,下伏粉质壤土、泥岩

表5-7 河道可采区砂资源分段颗粒分析试验成果

序号	起止桩号	左河漫滩					右河漫滩					河床
		主要粒组(mm)及含量(%)				岩性	主要粒组(mm)及含量(%)				岩性	岩性
		5~2	2~0.5	0.5~0.25	0.25~0.075		5~2	2~0.5	0.5~0.25	0.25~0.075		
1	11+535~14+740	30~60	22~50	7~16	—	砾砂，砾石，粒径小于0.075 mm 的细粒含量 4%~10%	20~40	35~65	12~16	10~15	粗砂，砾砂，砾石，粒径小于0.075 mm 的细粒含量 4%~10%	砂砾石
2	17+240~19+402	20~40	34~58	16~22	15~19	粗砂，砾砂，粒径小于0.075 mm 的细粒含量 4%~10%	23~27	40~55	12~18	6~15	粗砂，砾砂，粒径小于0.075 mm 的细粒含量 5%~10%	粗砂、砾砂
3	20+155~21+615	19~27	34~58	14~34	12~19	粗砂，粒径小于0.075 mm 的细粒含量 6%~9%	20~40	20~50	13~25	7~20	粗砂，砾砂，中砂，粒径小于0.075 mm 的细粒含量 4.0%~15.0%	砂砾石
4	23+623~24+705	14~24	33~56	6~16	6~18	粗砂，砾石，粒径小于0.075 mm 的细粒含量 3%~9%	23~33	28~50	14~17	8~15	粗砂，分选较好，粒径小于0.075 mm 的细粒含量 6.0%~9.0%	粗砂
5	26+360~29+209	21~35	24~45	7~23	5~25	粗砂，中砂，分选差，粒径小于0.075 mm 的细粒含量 5%~16%	20~28	30~58	12~23	10~17	粗砂，分选较好，粒径小于0.075 mm 的细粒含量 5.0%~10.0%	砂砾石
6	29+909~31+400	—	36~54	18~50	14~35	粗砂，中砂，分选较差，粒径小于0.075 mm 的细粒含量 7%~22%	19~23	35~42	15~20	12~16	粗砂，分选较好，粒径小于0.075 mm 的细粒含量 5.0%~9.0%	粗砂、中砂

续表 5-7

序号	起止桩号	左河漫滩 主要粒组（mm）及含量（%）				岩性	右河漫滩 主要粒组（mm）及含量（%）				岩性	河床岩性
		5~2	2~0.5	0.5~0.25	0.25~0.075		5~2	2~0.5	0.5~0.25	0.25~0.075		
7	32+908~33+298	16.7	38~52	14~22	19~23	粗砂,粒径小于 0.075 mm 的细粒含量 7%~8%	20~65	15~60	12~24	—	粗砂,砾石,粒径小于 0.075 mm 的细粒含量 4%~7%	基本已采没
8	59+978~61+500	17~24	30~57	13~28	16~23	粗砂,分选较好,粒径小于 0.075 mm 的细粒含量 7%~19%	19~22	43~70	10~25	5~11	粗砂,粒径小于 0.075 mm 的细粒含量 5.0%~9.0%	基本已采没
9	63+000~64+000	—	23~70	9~40	11~28	粗砂,中砂,粒径小于 0.075 mm 的细粒含量 4%~15%	—	50~70	15~17	9~16	粗砂,分选较好,粒径小于 0.075 mm 的细粒含量 5%~8%	粗砂,中砂
10	67+065~67+620	—	53~82	15~20	15	粗砂,分选较好,粒径小于 0.075 mm 的细粒含量 3%~10%	—	40~65	16~18	10~11	粗砂,分选较好,粒径小于 0.075 mm 的细粒含量 6%~7%	粗砂
11	68+325~71+050	20~35	30~55	10~20	7~17	砾砂,粗砂,粒径小于 0.075 mm 的细粒含量 6%~10%	—	50~75	10~17	7~11	粗砂,分选较好,粒径小于 0.075 mm 的细粒含量 5%~10%	粗砂
12	76+856~78+960	23~27	35~61	8~32	5~17	粗砂,粒径小于 0.075 mm 的细粒含量 5%~10%	—	48~65	12~30	10~17	粗砂,中砂,粒径小于 0.075 mm 的细粒含量 5%~10%	粗砂,中砂

表 5-8 砂资源分段细度指标

序号	起止桩号	左河漫滩 孔号	FM	$\bar{D}$	右河漫滩 孔号	FM	$\bar{D}$
1	11+535~14+740	WCZWZ30	3.4/3.5	0.54/0.63	WCZWY28	3.4/3.5	0.54/0.63
		WCZQZ35	3.8	0.78	WCZWY30	3.4	0.62
					WCZWY31	1.9	1.32
					WCZWY32	2.6/2.0/3.0	0.40/0.38/0.47
2	17+240~19+402	WCZQZ27	2.5/2.5/1.5/2.2	0.39/0.36/0.34/0.40	WCZWY24	2.6/2.1/2.7/1.2/3.0	0.55/0.41/0.41/0.31/0.54
		WCZQZ30	3.4/3.5	0.54/0.63	WCZWY25	3.4/3.0/2.2/3.0	0.55/0.43/0.42/0.52
					WCZWY26	3.5/3.4/1.0	0.63/0.53/0.22
3	20+155~21+615	WCZQZ25	3.0	0.46	WCZWY21	3.1/3.2/1.4/2.5	0.48/0.46/0.32/0.46
		WCZQZ27	2.5/2.5/1.5/2.2	0.39/0.36/0.34/0.40	WCZWY23	3.0/4.0/2.9/1.3/1.9	0.55/0.63/0.44/0.30/0.39
4	23+623~24+705	WCZQZ20	4.1/2.4/2.4/2.5	0.64/0.36/0.37/0.34	WCZWY18	3.0/2.9/2.2/2.8/1.5	0.58/0.43/0.40/0.42/0.34
		WCZQZ23	3.1/3.2/1.3/2.1	0.47/0.49/0.63/0.39	WCZWY19	3.0/3.0/3.9	0.47/0.47/0.66
5	26+360~29+209	WCZWZ14	2.7/2.5/3.8/0.9	0.40/0.36/0.56/0.25	WCZWY15	3.0/2.7/1.8	0.44/0.42/0.38
		WCZWZ15	3.1	0.46	WCZWY16	2.2/2.3/2.1	0.39/0.41/0.40
		WCZWZ18	2.1/1.7/1.7/2.5	0.61/0.35/0.37/0.38/0.22	WCZWY17	2.0/2.5/3.9/3.0/1.4	0.37/0.44/0.61/0.44/0.34
6	29+909~31+400	WCZWZ9	2.0/1.5/2.6	0.39/0.33/0.39	WCZWY10	2.6/2.7	0.39/0.38
		WCZWZ13	1.0	0.27	WCZWY11	1.6/2.7/2.6/2.4	0.39/0.38/0.32/0.41
					WCZWY12	2.6/2.6/2.9	0.41/0.39/0.44

续表 5-8

序号	起止桩号	左河漫滩			右河漫滩		
		孔号	FM	$\bar{D}$	孔号	FM	$\bar{D}$
7	32+9C8~33+298	WCZWZ8	2.0/2.4	0.36/0.37	WCZWY8	2.6/4.0/3.9	0.39/0.66/0.56
					WCZWY9	3.3	0.57
8	59+978~61+500	WCZWZ43	0.8/2.6	0.25/0.41	WCZWY39	2.8/2.4/3.0/2.7	0.61/0.47/0.50/0.42
		WCZWZ44	1.5/2.6	0.33/0.39	WCZWY40	3.2	0.50
		WCZWZ46	2.1/2.5/2.7	0.36/0.40/0.49	WCZWY41	2.4/2.5	0.45/0.46
9	63+000~64+000	WCZWZ49	1.9/1.5	0.39/0.32	WCZWY42	2.5/2.2/2.3/3.1	0.44/0.39/0.44/0.52
		WCZWZ50	1.5/2.5	0.32/0.46			
10	67+065~67+620	WCZWZ53	3.4/2.2	0.54/0.41	WCZWY46	2.4/2.8	0.44/0.45
		WCZWZ54	2.8/2.1	0.54/0.40	WCZWY47	2.3	0.42
11	68+325~71+050	WCZWZ55	2.9/2.8	0.45/0.43	WCZWY49	2.6	0.47
		WCZWZ56	2.6/3.3	0.39/0.60	WCZWY50	2.2	0.45
		WCZWZ57	1.7	0.36	WCZWY51	2.4/2.3/3.3	0.44/0.44/0.53
12	76+856~78+960	WCZWZ61	2.9/2.6	0.47/0.44	WCZWY55	2.1/2.6	0.40/0.41
		WCZWZ62	3.2/3.1/2.8	0.50/0.46/0.45	WCZWY56	2.5/2.0	0.42/0.37
		WCZWZ63	2.1	0.38	WCZWY57	1.1/2.1/2.9	0.27/0.41/0.42

表5-9　砂资源质量

序号	起止桩号	左河漫滩	右河漫滩	河床
1	11+535~14+740	1. 宽15~35 m，极窄； 2. 厚3.4~3.2 m，厚度适中； 3. 按建材分类属中砂； 4. 平均粒径0.54~0.78 mm，不符合，属粗砂； 5. 细度模数3.4~3.8，不符合，属粗砂； 6. 含泥量达4%~10%，大于允许值3%； 评价：细度不符合，质量差	1. 宽30~50 m，较窄； 2. 厚0.5~5.6 m，均厚2~4 m，厚度适中； 3. 按建材分类属中砂、细砂； 4. 平均粒径0.38~1.32 mm，符合者占40%； 5. 细度模数1.9~3.5，符合者占70%； 6. 含泥量达4%~10%，大于允许值3%； 评价：细度基本符合，厚度适中，质量较好	1. 宽100~150 m； 2. 平均厚度小于0.6 m； 3. 主要是中砂、细砂； 4. 细度基本不符合； 评价：厚度极薄，质量差
2	17+240~19+402	1. 宽度：基本采没； 2. 厚6.9~14.2 m，均厚13 m，厚度极大； 3. 按建材分类属中砂、细砂； 4. 平均粒径0.34~0.63 mm，符合者占50%，属中砂、粗砂； 5. 细度模数1.5~3.5，符合者占50%，属细砂、粗砂； 6. 含泥量4%~10%，大于允许值3%； 评价：细度一般，质量一般	1. 宽度：基本采没； 2. 厚14.8~10.0 m，厚度较大； 3. 按建材分类属细砂、中砂； 4. 平均粒径0.22~0.55 mm，符合者占33%； 5. 细度模数1.0~3.5，符合者占67%，大于允许值3%； 6. 含泥量5%~10%，大于允许值3%； 评价：细度一般，厚度极大，质量较好	1. 宽100~180 m； 2. 厚8.5~9.3 m； 3. 主要是中砂、细砂； 4. 细度一般； 评价：厚度极大，质量一般
3	20+155~21+615	1. 宽度：基本采没； 2. 厚12.8~10.1 m，均厚11 m，厚度极大； 3. 按建材分类属中砂、细砂； 4. 平均粒径0.34~0.46 mm，符合者占80%，属中砂； 5. 细度模数1.5~3.0，符合者占60%，属粗砂； 6. 含泥量6%~9%，大于允许值3%； 评价：细度基本符合，质量较好	1. 宽度：大部分采没； 2. 厚10.0~10.6 m，均厚10 m，厚度极大； 3. 按建材分类属中砂、细砂； 4. 平均粒径0.30~0.63 mm，符合者占55%； 5. 细度模数0.7~3.9，符合者占55%； 6. 含泥量达4%~15%，大于允许值3%； 评价：细度较符合，厚度极大，质量较好	1. 宽100~180 m； 2. 厚4.9~4.6 m，均厚近5 m； 3. 主要是中砂、细砂； 4. 细度基本符合； 评价：厚度适中，质量较好

续表 5-9

序号	起止桩号	左河漫滩	右河漫滩	河床
4	23+623~24+705	1. 宽 30~40 m,较宽; 2. 厚 9.4~10.5 m,厚度极大; 3. 按建材分类属细砂、粗砂; 4. 平均粒径 0.34~0.64 mm,符合者占 75%; 5. 细度模数 1.3~4.1,符合者占 50%; 6. 含泥量 3%~9%,大于允许值 3%; 评价:细度较符合,质量较好	1. 宽度:基本采没; 2. 厚 11.8~12.1 m,均厚 12 m,厚度极大; 3. 按建材分类属中砂; 4. 平均粒径 0.34~0.66 mm,符合者占 63%; 5. 细度模数 1.4~3.9,符合者占 63%; 6. 含泥量 6%~9%,大于允许值 3%; 评价:细度较符合,厚度极大,质量较好	1. 宽 100~160 m; 2. 厚 2.9~5.6 m,均厚 4 m; 3. 粗砂、中砂、细砂混杂; 4. 细度较符合; 评价:厚度适中,质量较好
5	26+360~29+209	1. 宽 40~60 m,较宽; 2. 厚 13.0~18.4 m,均厚 15 m,厚度极大; 3. 按建材分类属中砂、细砂; 4. 平均粒径 0.22~0.61 mm,符合者占 50%; 5. 细度模数 1.7~3.8,符合者占 55%; 6. 含泥量达 5%~16%,大于允许值 3%; 评价:细度过半数符合,厚度极大,质量较好	1. 宽度:大部分采没; 2. 厚 11.8~13.4 m,均厚大于 12 m,厚度极大; 3. 按建材分类主要属中砂、细砂; 4. 平均粒径 0.37~0.61 mm,符合者占 83%; 5. 细度模数 2.1~3.0,符合者占 36%; 6. 含泥量达 5%~10%,大于允许值 3%; 评价:细度基本符合,厚度极大,质量较好	1. 宽 80~150 m; 2. 厚 5.0~9.5 m,均厚 6.5 m; 3. 主要是中砂、细砂; 4. 细度较符合; 评价:厚度极大,质量较好
6	29+909~31+400	1. 宽 50~60 m,较宽; 2. 厚 7.3~9.3 m,均厚 8 m,厚度极大; 3. 按建材分类主要属中砂; 4. 平均粒径 0.27~0.39 mm,符合者占 50%; 5. 细度模数 1.0~2.6,符合者仅占 25%; 6. 含泥量高达 7%~22%,大于允许值 3%; 评价:细度较符合,厚度极大,质量较好	1. 宽度小于 20 m,比较窄; 2. 厚 13.0~8.6 m,均厚大于 10 m,厚度极大; 3. 按建材分类主要属中砂; 4. 平均粒径 0.32~0.44 mm,符合者占 90%; 5. 细度模数 1.6~2.9,符合者占 80%; 6. 含泥量 5%~9%,大于允许值 3%; 评价:细度基本符合,厚度极大,质量较好	1. 宽 100~150 m; 2. 厚 6.8~7.7 m,均厚 7 余 m; 3. 主要是中砂、细砂; 4. 细度较软; 评价:厚度极大,质量较好

续表 5-9

序号	起止桩号	左河漫滩	右河漫滩	河床
7	32+908~33+298	1. 宽80~100 m，比较宽； 2. 厚5.0~47.5 m，均厚近5 m； 3. 按建材分类主要属细砂； 4. 平均粒径0.36~0.37 mm，符合； 5. 细度模数2.0~2.4，不符合； 6. 含泥量达7%~8%，大于允许值3%； 评价：细度符合，厚度适中，质量较好	1. 宽100~140 m，比较宽； 2. 厚4.7~5.9 m，均厚5 m，厚度适中； 3. 按建材分类主要属微细砂、细砂； 4. 平均粒径0.39~0.66 mm，符合者占25%； 5. 细度模数2.6~4.0，符合者占50%； 6. 含泥量达4%~7%，大于允许值3%； 评价：细度基本不符合，厚度适中，质量较差	基本采没
8	59+978~61+500	1. 宽20~50 m，较窄； 2. 厚5.4~13.2 m，表层厚6.4~4.6 m，中间夹粉质壤土，厚度适中； 3. 按建材分类主要属细砂； 4. 平均粒径0.25~0.49 mm，符合者占70%； 5. 细度模数0.8~2.6，符合者占60%； 6. 含泥量7%~19%，大于允许值3%； 评价：细度适中，厚度适中，质量较好	1. 宽20~50 m，较窄； 2. 厚度较不均，厚14.6 m，薄者仅1.8 m，下伏粉质壤土，厚达10 m； 3. 按建材分类属中砂； 4. 平均粒径0.42~0.61 mm，符合者占86%； 5. 细度模数2.4~3.2，符合者占70%； 6. 含泥量达5%~9%，大于允许值3%； 评价：细度基本符合，厚度极不均，质量一般	
9	63+000~64+000	1. 宽度小于30 m，极窄； 2. 厚11.9~14.5 m，厚度较大，中间夹5~6 m的粉质壤土； 3. 按建材分类主要属细砂； 4. 平均粒径0.32~0.46 mm，符合者占50%； 5. 细度模数1.5~2.5，符合者仅25%； 6. 含泥量4%~15%，大于允许值3%； 评价：细度基本不符合，厚度较大，质量较差	1. 宽度：基本采没； 2. 厚15.4~23.0 m，平均厚20 m，厚度极大； 3. 按建材分类属中砂； 4. 平均粒径0.39~0.52 mm，符合者75%； 5. 细度模数2.2~3.1，符合者50%； 6. 含泥量5%~8%，大于允许值3%； 评价：细度基本符合，厚度较大，质量较好	1. 宽280~400 m，表层覆盖2~4 m粉质壤土； 2. 厚7.6~7.9 m， 3. 主要是中砂、细砂； 4. 细度较符合； 评价：厚度适中，质量较好

续表 5-9

序号	起止桩号	左河漫滩	右河漫滩	河床
10	67+065~67+620	1. 宽 20~30 m，较窄； 2. 厚 10.5~12.8 m，厚度极大，中间夹 2~4 m 粉质壤土； 3. 按建材分类属中砂、细砂； 4. 平均粒径 0.40~0.54 mm，符合者占 50%； 5. 细度模数 2.1~3.4，符合者占 50%； 6. 含泥量 3%~10%，大于允许值 3%； 评价：细度一般，厚度极大，质量较好	1. 宽度：基本未设； 2. 厚 17.5~12.2 m，平均厚 15 m，厚度极大； 3. 按建材分类属中砂； 4. 平均粒径 0.42~0.45 mm，符合； 5. 细度模数 2.3~2.8，符合者占 33%； 6. 含泥量 6%~7%，大于允许值 3%； 评价：细度基本符合，厚度极大，质量好	1. 宽 200~280 m； 2. 厚 11.3 m； 3. 主要是中砂、细砂； 4. 细度基本符合； 评价：厚度极大，质量好
11	68+325~71+050	1. 宽 10~30 m，较窄； 2. 厚 6.2~0.8 m，平均厚 3~4 m，厚度适中，表层粉质壤土厚达 7.6~6.0 m； 3. 按建材分类主要属中砂、细砂； 4. 平均粒径 0.36~0.60 mm，符合者占 80%； 5. 细度模数 1.7~3.3，符合者占 80%； 6. 含泥量达 6%~10%，大于允许值 3%； 评价：细度基本符合，厚度适中，表层粉质壤土厚 7.6~6.0 m，质量差	1. 宽 30~40 m，较窄； 2. 厚 1.0 m，2.5~9.1 m，下伏粉质壤土厚 5.5 m； 3. 按建材分类属中砂； 4. 平均粒径 0.44~0.53 mm，符合者占 80%； 5. 细度模数 2.2~3.3，符合者占 40%； 6. 含泥量达 5%~10%，大于允许值 3%； 评价：细度基本符合，表层粉质壤土厚达 5.8~4.7 m，质量差	1. 宽 280~400 m； 2. 仅分布于 72+000 附近，厚 11 m，下伏粉质壤土，揭露厚 4 m； 3. 主要是中砂、细砂； 4. 细度基本符合； 评价：不连续，分布范围小，质量较差
12	76+856~73+960	1. 宽 70~350 m，平均宽近 300 m，极宽； 2. 厚 16~9 m，平均厚 12 m，厚度极大，表层粉质壤土厚 2.5~8.8 m； 3. 按建材分类主要属中砂、细砂； 4. 平均粒径 0.38~0.50 mm，符合； 5. 细度模数 2.1~3.2，符合者占 83%； 6. 含泥量达 5%~10%，大于允许值 3%； 评价：细度符合，厚度极大，但表层粉质壤土厚达 2.5~8.8 m，质量较差	1. 宽 250~100 m，极宽近 200 m； 2. 厚 13~15 m，平均厚 14 m，厚度极大； 3. 按建材分类主要属中砂、细砂； 4. 平均粒径 0.27~0.42 mm，符合者占 86%； 5. 细度模数 1.1~2.9，符合者占 43%； 6. 含泥量达 5%~10%，大于允许值 3%； 评价：细度基本符合，厚度极大，宽度极大，质量好	1. 宽 200~400 m； 2. 偏在上段基本未设，主要分布在偏下段，厚 5.7~5 m，平均厚 5 余 m； 3. 主要是中砂、细砂； 4. 细度基本符合； 评价：厚度适中，宽度适中，质量好

5.4.4.3 No.3 可采区

No.3 可采区位于安丘市红沙沟镇、昌乐县红河镇,采区平均长度约 1.5 km,平均宽度约 170 m,采区内无通信电缆、光缆、高压线等重要保护地物,采区上游约 0.5 km 处临沈家庄河湾险工段。以河床内开采为主,可开采量 112.3 万 m³。

5.4.4.4 No.4 可采区

No.4 可采区位于安丘市红沙沟镇、昌乐县红河镇,采区平均长度约 1.1 km,平均宽度约 210 m,采区内无通信电缆、光缆、高压线等重要保护地物。以河床内开采为主,可开采量 101.0 万 m³。

5.4.4.5 No.5 可采区

No.5 可采区位于安丘市红沙沟镇、昌乐县红河镇,采区平均长度约 2.8 km,平均宽度约 220 m,采区内无通信电缆、光缆、高压线等重要保护地物。以河床内开采为主,可开采量 413.7 万 m³。

5.4.4.6 No.6 可采区

No.6 可采区位于安丘市凌河街道办事处,采区平均长度约 1.5 km,平均宽度约 230 m,采区内无通信电缆、光缆、高压线等重要保护地物,采区上游临王辛庄子险工河段。以河床内开采为主,可开采量 212.9 万 m³。

5.4.4.7 No.7 可采区

No.7 可采区位于安丘市凌河街道办事处,采区平均长度约 0.4 km,平均宽度约 180 m,采区内无通信电缆、光缆、高压线等重要保护地物,下游临牛家埠险工河段。以左河漫滩开采为主,可开采量 4.5 万 m³。

5.4.4.8 No.8 可采区

No.8 可采区位于安丘市贾戈街道办事处,采区平均长度约 1.50 km,平均宽度约 280 m,采区内无通信电缆、光缆、高压线等重要保护地物,下游临西门口险工河段。以河床内开采为主,可开采量 92.7 万 m³。

5.4.4.9 No.9 可采区

No.9 可采区位于坊子区坊安街道办事处,采区平均长度约 1.0 km,平均宽度约 330 m,采区内无通信电缆、光缆、高压线等重要保护地物,采区上游临西门口险工河段,下游临南王皋险工河段。以河床内开采为主,可开采量 228.6 万 m³。

5.4.4.10 No.10 可采区

No.10 可采区位于坊子区坊安街道办事处,采区平均长度约 0.56 km,平均宽度约 450 m,采区内无通信电缆、光缆、高压线等重要保护地物,下游临于家汶畔险工河段。以河床内开采为主,可开采量 148.8 万 m³。

5.4.4.11 No.11 可采区

No.11 可采区位于坊子区坊安街道办事处,采区平均长度约 1 880 m,平均宽度约 210 m,采区内无通信电缆、光缆、高压线等重要保护地物,采区上游临于家汶畔险工段及穿河输油管线,下游约 0.5 km 处临一条穿河输油管线及一条自来水管线。以河床内开采为主,可开采量 92.2 万 m³。

5.4.4.12　No.12 可采区

No.12 可采区位于坊子区黄旗堡街道办事处,采区平均长度约 2.1 km,平均宽度约 280 m,采区内无通信电缆、光缆、高压线等重要保护地物,下游约临汶河入潍河险工段。以河床内开采为主,可开采量 188.8 万 m³。

5.5　小　结

5.5.1　地质条件

5.5.1.1　地形地貌

研究河段地形自西南向东北由高到低,洛村漫水桥—凌河街道办事处附近属丘陵区;凌河街道办事处附近—潍河汇入处属平原区。

5.5.1.2　地层岩性

沿河两侧广泛出露第四系地层,分布于现代河床、阶地及山前冲洪积平原,山丘区主要为晚更新统大站组与全新统临沂组、沂河组,平原区主要为全新统临沂组与沂河组。基岩主要为白垩系上统王氏群林家庄组、下统大盛群寺前村组、田家楼组、马朗沟组与青山群八亩地组及元古代与太古代侵入岩。

5.5.1.3　河谷结构及特征

(1)0+000~1+999:河流呈南西—北东流向,属河漫滩河谷;不规则,河床窄而浅,河漫滩发育,阶地发育;无堤防;河谷未受采砂影响;砂质、自然岸坡,基本未裸露。

(2)1+999~9+896:高崖水库库区。

(3)9+896~15+250:河流呈北西—南东流向,属成形谷;河谷基本对称,较规则,河床宽而浅,河漫滩发育;堤防较完整;河谷受采砂影响较小;砂质、自然岸坡,基本未裸露,采砂处,成为河床的一部分。

(4)15+250~25+714:河流呈北西—南东与西—东流向,属成形河谷受采砂严重影响河谷;河谷基本对称,较规则,河床宽而浅,河漫滩采砂前发育,受采砂严重影响,已呈零星状分布,部分仍基本呈连续状,原河漫滩处成为河床的一部分;堤防较完整;砂质岸坡,不连续,大部分裸露。

(5)25+714~36+008:河流呈南西—北东流向,32+482 附近近西—东流向,属成形河谷受采砂较严重影响河谷;河谷基本对称,较规则,河床宽而浅,河漫滩发育;堤防较完整;砂质岸坡,不连续,大部分裸露。

(6)36+008~43+488:牟山水库库区。

(7)43+488~60+844:位于城区北部、东北部,河流呈南西—北东流向,属成形谷;未受采砂影响;河谷基本对称,较规则,河床宽而浅,48+525~55+808 大部分无河漫滩,55+808~60+844 河漫滩较发育;堤防完整,质量较好,堤顶大部硬化;砂质岸坡。

(8)60+844~66+922:河流呈南西—北东流向,属成形河谷受采砂较严重影响河谷;河谷基本对称,较规则,河床窄而浅,河漫滩基本采没,仅左侧部分河段发育,未采;土堤,较完整;砂质岸坡,大部裸露,近直立状。

（9）66+922~73+384：河流呈南西—北东流向，属成形河谷受采砂较严重影响河谷；河谷基本对称，较规则，河床宽而深，河漫滩一半左右采没；简易土堤，较完整；砂质岸坡。

（10）73+384~81+796：河流呈南西—北东流向与南—北流向，属成形谷；基本未受采砂影响；河谷基本对称，较规则，河床宽而浅，夹河套村附近河段宽而深，河漫滩发育；简易土堤，夹河套村后基本无堤防；砂质岸坡。

5.5.2　砂资源特征

5.5.2.1　泥沙来源

大关镇小关村附近以上河段山锋尖锐，河床强烈下切，阶地发育，河床窄，坡降大，水流湍急；凌河镇—潍河入汇段，尤其 G206 国道以东，河床较宽，流水散乱，边滩、心滩发育，河床坡降小，水流缓慢。属拗陷区，接受上游切割碎屑物的沉积。

泥沙来源是河流上游或两岸的滩地冲刷挟带的悬移质、推移质的沉积以及过去长期沉积形成的滩地。中华人民共和国成立后，上游修建了数座中小型水库，致径流量锐减，大大降低泥沙造床能力。

5.5.2.2　砂砾来源

根据流经的岩性及砂砾来源，将汶河自源头—潍河入汇处分为 3 段。段 1 主要流经各类花岗岩类，段 2 主要流经各类花岗岩、砂岩、砾岩类，段 3 主要流经安山岩、花岗岩与临沂组。

砂砾的母岩主要是花岗岩类、段 1 流经的地区侵入岩发育，属鲁西构造岩浆区，冷却的岩浆形成的岩石成为河泥砂砾的主要来源。汶河河泥沙砾的母岩主要是花岗岩类。段 1 流经山区，岩性主要是各类花岗岩，此段花岗岩类成为汶河最主要的砂砾来源。

5.5.2.3　砂资源特征

（1）0+000~1+999：未受采砂影响。岩性主要为砾石、砾砂、粗砂，通称砂砾石；河漫滩厚 8~9 m，左滩宽达近 1 000 m，下伏砂岩；河床厚 4~5.5 m，宽度 30~80 m，下伏砂岩。

（2）8+331~36+008：受采砂影响严重，部分河段极严重。岩性主要为砾石、砾砂、粗砂、中砂混杂；河漫滩厚度除高崖水库大坝附近小于 3 m 左右外，其他平均厚度大于 9 m，厚度极大，下伏泥岩，基本无粉质壤土分布；受采砂影响，河床厚度不均，高崖水库大坝附近基本采没，平均厚度小于 1 m，15+250~36+008 附近平均厚度 5~6 m，下伏泥岩，基本无粉质壤土分布。

（3）43+523~60+844：位于城区北部与东北部，G206 国道下游分别为青云湖城市湿地公园与青龙湖水利风景区。

（4）60+844~81+169：除 74+747~81+169 受采砂影响较小外，其他河段受采砂影响严重、极严重。岩性主要为粗砂，总体分选性较好；河漫滩除 73+384 基本无砂砾层分布外，其他河段厚度极大，平均厚度达 10 m 左右，夹粉质壤土夹层，下伏粉质壤土；河床大部分基本采没（73+800~77+124）或无分布，局部分布处呈厚度极不均，岩性主要为粗砂、中砂，厚者达 11.4 m，薄者仅 1.8 m，下伏粉质壤土。

5.5.3　可采区砂资源特征、质量及可开采量

河段全长 81.8 km，可采区（桩号为设计桩号，下同）长度共 20.6 km，划分成 12 段，

0+000~25+219［11+535~14+740(①)、17+240~19+402(②)、20+155~21+615(③)、23+623~24+705(④)］,25+219~48+490［26+360~29+209(⑤)、29+909~31+400(⑥)、32+908~33+298(⑦)］,54+414~81+796［59+978~61+500(⑧)、63+000~64+000(⑨)、67+065~67+620(⑩)、68+325~71+050(⑪)、76+856~78+960(⑫)］。

5.5.3.1 砂资源特征及颗粒组成

1.0+000~25+219(①~④)

除段①受采砂影响较小外,其他受影响严重、极严重。河漫滩厚度除段①厚度2~4 m外,其余平均厚度10 m左右,厚度极大,宽度基本采没,岩性主要为砾石、砾砂、粗砂混杂,可称为砂砾石,含泥量高;河床厚度除段①0.5 m左右外,其余4~5 m,15+240下游段厚度达9 m之巨,宽度达100~180 m,下伏粉质壤土、泥岩。

2.25+219~48+490(⑤~⑦)

除25+213下游段受采砂影响较小外,其余受采砂影响严重、极严重。河漫滩厚度除25+213下游段均厚5 m外,其余均厚大于10 m,宽度不均,宽者达140 m,窄者仅40~60 m,部分河段甚至无,岩性主要为粗砂,其次为中砂、砾石;河床受采砂影响严重,段⑦基本采没,已无砂砾石分布。岩性主要为粗砂,宽度80~150 m,含泥量高,下伏泥岩。

3.58+978~65+058(⑧~⑨)

受采砂影响极严重。河漫滩平均厚度大于10 m,宽度小于50 m,部分河段基本采没。岩性主要为粗砂,分选性较好,下伏粉质壤土;河床主要分布于65+058上游附近,平均厚度近8 m,靠近58+978附近基本采没,岩性主要为粗砂,下伏粉质壤土。含泥量较高。

4.65+058~81+796(⑩~⑫)

受采砂影响严重、极严重,段⑫右河漫滩影响较小。影响段河漫滩宽度小于40 m,未影响段宽达100~350 m。均厚段⑩、段⑫大于10 m,段⑪仅3~4 m,段⑪、段⑫表层粉质壤土厚达2.5~8.0 m。岩性主要为粗砂、中砂,下伏粉质壤土;河床主要分布于65+058上游附近,平均厚度近8 m,靠近58+978附近基本采没,岩性主要为粗砂,下伏粉质壤土。含泥量较高。

5.5.3.2 砂资源质量

1.0+000~25+219(①~④)

11+535~14+740(①)左河漫滩平均粒径不符合,细度模数不符合;右河漫滩平均粒径符合者占40%,细度模数符合者占70%,细度较符合。此段河漫滩质量右侧较好,左侧差;河床极薄,质量差。

17+240~19+402(②)左河漫滩平均粒径符合者占50%,细度模数符合者占50%,细度一般,质量一般;右河漫滩平均粒径符合者占33%,细度模数符合者占67%,细度一般,厚度极大,质量较好;河床细度一般,厚度极大,质量较好。综合评价此段砂砾石质量较好。

20+155~21+615(③)左河漫滩平均粒径符合者占80%,细度模数符合者占60%,细度基本符合,质量较好;右河漫滩平均粒径符合者占55%,细度模数符合者占55%,细度较符合,厚度极大,质量较好;河床细度基本符合,厚度适中,质量较好。综合评价此段砂砾石质量较好。

23+623~24+705(④)左河漫滩平均粒径符合者占75%,细度模数符合者占50%,细度较符合,质量较好;右河漫滩平均粒径符合者占63%,细度模数符合者占63%,细度较符合,厚度极大,质量较好。综合评价此段砂砾石质量较好。

2. 25+219~48+490(⑤~⑦)

26+360~29+209(⑤)左河漫滩平均粒径符合者占50%,细度模数符合者占55%,细度一般,质量一般;右河漫滩平均粒径符合者占83%,细度模数符合者占36%,细度基本符合,质量较好;河床细度基本符合,质量较好。综合评价此段砂砾石质量较好。

29+909~31+400(⑥)左河漫滩平均粒径符合者占50%,细度模数符合者25%,细度较不符合,质量极大,质量较好;右河漫滩平均粒径符合者占90%,细度模数符合者80%,细度基本符合,厚度极大,质量好;河床细度较符合,厚度极大,质量好。综合评价此段砂砾石质量好。

32+908~33+298(⑦)左河漫滩平均粒径符合,细度模数不符合,细度基本符合,质量较好。右河漫滩平均粒径符合者占25%,细度模数符合者占50%,细度基本不符合,质量较差;河床已基本采没;综合评价此段砂砾石左滩较好,右滩较差。

3. 58+978~65+058(⑧~⑨)

59+978~61+500(⑧)左河漫滩平均粒径符合者占70%,细度模数符合者占60%,细度基本符合,质量较好;右河漫滩平均粒径符合者占86%,细度模数符合者占70%,细度基本符合,厚度极不均匀,质量一般;河床已采没。综合评价此段砂砾石左滩较好,右滩一般。

63+000~64+000(⑨)左河漫滩平均粒径符合者占50%,细度模数符合者占25%,细度基本不符合,厚度极大,质量较好;右河漫滩平均粒径符合者75%,细度模数符合者占50%,细度基本符合,厚度极大,质量好;河床细度较符合,厚度适中,质量较好。综合评价此段砂砾石质量好。

4. 65+058~81+796 (⑩~⑫)

67+065~67+620(⑩)左河漫滩平均粒径符合者占50%,细度模数符合者占50%,细度一般,厚度极大,质量较好;右河漫滩平均粒径符合,细度模数符合者占33%,细度基本符合,厚度极大,质量好;河床细度基本符合,厚度极大,质量好。综合评价此段砂砾石质量好。

68+325~71+050(⑪)左河漫滩平均粒径符合者占80%,细度模数符合者占80%,细度基本符合,表层分布有厚达7.6~6.0 m的粉质壤土,质量差;右河漫滩平均粒径符合者占80%,细度模数符合者占40%,细度基本符合,表层分布有厚达4.7~5.8 m的粉质壤土,质量差;河床细度基本符合,砂砾石分布范围小,且不连续,质量差。综合评价此段砂砾石质量差。

76+856~78+960(⑫)左河漫滩平均粒径符合,细度模数符合者占83%,细度符合,表层分布有厚达2.5~8.8 m的粉质壤土,质量较差;右河漫滩平均粒径符合者占86%,细度模数符合者占73%,细度基本符合,厚度极大,宽度极大,质量好;河床细度基本符合,厚度适中,宽度极大,质量好。综合评价此段砂砾石质量好(除左河漫滩)。

5.5.3.3　可开采量

No. 1(①)可采区可开采量 52.1 万 m³,河床开采;No. 2(②)可采区可开采量 194.0 万 m³,河床开采;No. 3(③)可采区可开采量 112.3 万 m³,河床开采;No. 4(④)可采区可开采量 101.0 万 m³,河床开采;No. 5(⑤)可采区可开采量高达 413.7 万 m³,河床开采;No. 6(⑥)可采区可开采量 212.9 万 m³,河床开采;No. 7(⑦)可采区可开采量 4.5 万 m³,左河漫滩开采;No. 8(⑧)可采区可开采量 92.7 万 m³,河床开采;No. 9(⑨)可采区可开采量 228.6 万 m³,河床开采;No. 10(⑩)可采区可开采量 148.8 万 m³,河床开采;No. 11(⑪)可采区可开采量 92.2 万 m³,河床开采;No. 12(⑫)可采区可开采量 188.8 万 m³,河床开采。

第6章 结 论

潍河干流可采区 13 处,可开采量 1 212 万 m³;支流渠河可采区 9 处,可开采量 2 058 万 m³;支流汶河可采区 12 处,可开采量 1 842 万 m³。三河流可采区共 34 处,可开采量共 5 112 万 m³。

结合潍河及支流渠河、汶河河道,对今后年度采砂实施总量控制具有指导作用。在可采区域,规范采砂行为,以及开采方式,做好尾料处理,并加大管理力度,方可持续地、合理地开发利用现存不多的砂资源,使之走上依法、科学、有序的轨道。

为适度、合理地利用河道砂资源提供科学依据,有利于砂资源的保护和可持续利用。为使河道向健康良性方向发展,保障行洪、供水、灌溉、航运等综合利用的安全,实现河道采砂的依法、科学、有序管理,需要制定采砂管理规划。目前,山东省各流域的综合规划正在进行修编,编制采砂专业规划,并纳入流域综合规划,是进一步完善水利专业规划,实现流域综合管理的迫切需要,也是配合国土空间规划,践行绿水青山就是金山银山发展理念的重要原则。

参 考 文 献

[1] 王延贵,胡春宏.流域泥沙的资源化及其实现途径[J].水利学报,2006,37(1):21-27.

[2] 陈洁钊.乱采滥挖河砂的危害及管理对策探讨[J].人民珠江,2001,22(6):66-67.

[3] 王世安,张波.河道采砂对河道河势及环境的影响[J].东北水利水电,2006,24(4):31-34.

[4] 关树田.拉林河干流河床演变与河道采砂的关系分析[J].黑龙江水利科技,2006,34(3):141.

[5] 毛野.初论采沙对河床的影响及控制[J].河海大学学报(自然科学版),2008,28(4):92-96.

[6] 陈海全,黄恒熙,周作付.人工采沙对东江博罗县河段水文特性的影响分析[J].广东水利水电,2004(6):56-58.

[7] 刘永辉,侯庆国,禹敦臣.关于大汶河河道采砂管理情况的调查分析[J].山东水利,2004(9):26-27.

[8] 高宗军,李怀岭,李华民.河砂资源过度开采对水环境的破坏暨环境地质问题——以山东大汶河河砂开采为例[J].中国地质灾害与防治学报,2003,14(3):96-99.

[9] 康亮.流溪河挖沙控制的初步研究[J].人民珠江,2002,23(5):13-14,58.

[10] 韩美,李道高,赵明华,等.莱州湾南岸平原地面古河道研究[J].地理科学,1999,19(5):451-456.

[11] 李道高,赵明华,韩美,等.莱州湾南岸平原浅埋古河道带研究[J].海洋地质与第四纪地质,2000,20(1):23-29.

[12] 韩美,孟庆海.莱州湾沿岸的地貌类型[J].山东师范大学学报(自然科学版),1996,11(3):63-67.

[13] 吴子泉.潍城城市地震活动断层三维精确定位方法研究[D].北京:中国地质大学(北京),2005.

[14] 许再良,李国和,李翔.沂沭断裂带区域工程地质与铁路选线勘察[M].北京:地震出版社,2008.

[15] 张瑞瑾,谢鉴衡,陈文彪.河流动力学[M].武汉:武汉大学出版社,2007.

[16] 韩其为,何明民.泥沙起动规律及起动流速[M].北京:科学出版社,1999.

[17] 王金光,王立法.潍坊市幅(1:25万)区域地质调查报告[R].济南:山东省地质调查院,2004.

[18] 宋明春,李远友.日照市幅(1:25万)区域地质调查报告[R].济南:山东省地质调查院,2002.

[19] 王松涛,吴衍华.潍坊市应急供水水源地调查研究报告[R].潍坊:山东省第四地质矿产勘查院,2006.

作 者 简 介

付大庆:男,1974年10月出生于山东省诸城市昌城镇,本科学历,硕士学位,正高级工程师,注册岩土工程师,注册造价工程师(水利工程)。潍坊市第十三批专业技术拔尖人才(2018年4月改称潍坊市有突出贡献中青年专家),现任山东恒源勘测设计有限公司地质专业总工程师。

1999年6月毕业于中国地质大学城市工程物探专科专业,1999年11月15日入职潍坊市水利建筑设计研究院,2004年7月毕业于河海大学水利水电工程本科专业(函授),2004年9月取得注册岩土工程师执业资格证书,2010年10月任潍坊市水利建筑设计研究院勘测室主任,2013年6月取得东华理工大学(原华东地质学院)地质工程领域工程硕士学位,2020年12月晋升水利工程地质专业正高级工程师。

作为一名普通的最低级(分国家级、省级、地市级)水利设计院的地质工作者,传承了师傅严智勇副院长的工作态度与工作作风。主持完成了潍坊市弥河防洪治理项目、潍坊滨海经济技术开发区弥河综合治理项目、潍坊市白浪河防洪治理项目北辰绿洲段、潍坊滨海经济技术开发区白浪河综合治理二期项目、高密市仁河化工园防洪排涝项目等5个大型项目与潍坊市潍河采砂规划项目;南水北调东线一期工程潍坊滨海经济技术开发区续建配套项目二期(第二平原水库)、寿光市清水湖水库项目,潍坊市弥河超标准提升项目,潍坊市白浪河中段综合治理项目,潍坊市丹河防洪治理项目,寒亭(滨海)区白浪河治理项目,安丘市汶河4+700~8+500治理项目;潍河潍坊市济青高速公路北橡胶坝、潍坊市峈山橡胶坝、诸城市拙村拦河闸、昌邑市金口橡胶坝、临朐县弥河胸山拦河闸除险加固项目,高密市北胶新河姜家庄子拦河闸除险加固项目,寿光滨海(羊口)经济开发区弥河分流挡潮闸及扩建项目,安丘市汶河凉水弯头溢流坝项目;南水北调东线一期工程山东省昌邑市续建配套项目,潍坊市引黄入峡引黄入白项目,黄水东调寿光市供水项目;潍坊市牟山水库灌区续建配套与节水改造工程2010年度项目,峡山水库灌区续建配套与节水改造工程2014年度项目;莱州湾南岸滨海平原地带的寿光市,昌邑市,潍坊滨海经济技术开发区8个海堤项目;白浪河湿地路交通桥项目等30个中型项目以及200余个小型水利项目的地质勘测工作。

多个项目获得省级、厅级(市级)优秀工程勘察奖,主要有寿光市清水湖水库项目,荣获2006年度全省水利系统优秀工程勘察设计一等奖;潍坊市潍河采砂规划地质勘察项目,荣获2015年度山东省优秀工程勘察设计成果竞赛三等奖;弥河分流挡潮闸项目,先后荣获2017年度山东省优秀工程勘察设计成果竞赛三等奖与2017年度潍坊市优秀工程勘察设计二等奖;潍坊市潍河峈山橡胶坝项目,荣获2019年度潍坊市优秀工程勘察设计二等奖。《水利水电工程地质勘察与建筑岩土工程勘察比较》荣获2007年度山东水利优秀论文一等奖。

先后发表了《水利水电工程地质勘察与建筑岩土工程勘察比较》《潍河峿山橡胶坝坝基渗漏评价》《三里庄水库西副坝 0+560~0+780 坝基液化评价》《三里庄水库西副坝 0+560~0+780 坝基渗透变形评价》《弥河胸山拦河闸床沙砾石不冲流速分析》《弥河胸山拦河闸砾石液化探讨》《碱渣污染水泥土无侧限抗压强度与渗透性试验研究》等论文。